Reinhardt Einbock
Hermann-Dietrich Hornschuh

Algebra üben – Realschule 9

Aufgaben und Lösungen

MANZ VERLAG MÜNCHEN

Herausgeber: Hermann-Dietrich Hornschuh

Die Deutsche Bibliothek – CIP-Einheitsaufnahme

Algebra üben: Aufgaben und Lösungen. – München: Manz.
(Manz-Lernhilfen)
Realschule 9. Reinhardt Einbock; Hermann-Dietrich Hornschuh. – 1996
ISBN 3-7863-0123-9

© 1996 Verlag und Druckerei G. J. Manz AG. Alle Rechte vorbehalten
Verlagslektorat: Konrad Böheim
Umschlaggestaltung: Zembsch' Werkstatt, München
Gesamtherstellung: Verlag und Druckerei G. J. Manz, München/Dillingen
Printed in Germany

ISBN 3-7863-0123-9

Vorwort

Liebe Schülerin, lieber Schüler!

Vielleicht ist es nützlich, wenn wir dir zu Beginn ein paar Hinweise dazu geben, wie dieses Buch aufgebaut ist und wie du möglichst erfolgreich mit ihm arbeiten kannst.

Du mußt vor allem daran denken, daß die Algebra die Grundlage des Mathematikunterrichtes in allen Schuljahren ist. Auch ist in den Bundesländern mit einer schriftlichen Abschlußprüfung die Algebra ein Bestandteil dieser Prüfung. Deshalb mußt du bemüht sein, daß Wissenslücken hier nicht entstehen. Dabei wird dir diese Aufgabensammlung helfen.

- Du kannst dich mit ihr auf Klassenarbeiten gründlich vorbereiten. Sie ermöglicht dir, durch ihr übersichtliches Inhaltsverzeichnis und ausführliches Stichwortregister gezielt zu lernen. So findest du leicht, wo das Rechnen mit Potenzen und Wurzeln, das Bestimmen eines Parabelscheitels, das Lösen von quadratischen Gleichungen usw. geübt werden kann.
- Wo immer es möglich war, sind kleine Lerneinheiten auf nebeneinander liegenden Seiten anschaulich dargestellt. Auf der linken Seite wird mit den Musteraufgaben begonnen, auf der rechten Seite schließen sich die Übungsaufgaben an.
- Die notwendigen mathematischen Grundlagen, die du zum Erarbeiten der jeweiligen Lerneinheit brauchst, werden jeweils am Anfang eines Kapitels unter der Überschrift „Was du wissen solltest" angegeben.
- Die Übungsaufgaben sind in der Regel nach steigendem Schwierigkeitsgrad angeordnet. Sie beginnen mit einfachen Aufgaben, danach folgen solche mit einem höherem Schwierigkeitsgrad.
- Am Ende jeden Kapitels findest du eine Sammlung vermischter Aufgaben aus allen behandelten Themenbereichen. Dadurch bist du in der Lage, selbständig eine Leistungskontrolle durchzuführen.
- Im Anhang findest du zu allen Aufgaben die vollständigen Lösungen.

Wir wünschen dir beim Durcharbeiten dieser Lernhilfe viel Erfolg und gute Ergebnisse bei den Klassenarbeiten.

Reinhardt Einbock • Hermann-Dietrich Hornschuh

Inhaltsverzeichnis

Quadratwurzeln
- Das Quadrat einer Zahl 6
- Die Quadratwurzel 7
- Quadratwurzeln als irrationale Zahlen 9
- Berechnen von Quadratwurzeln 10
- Rechnen mit Quadratwurzeln 12
- Vermischte Aufgaben 16

Quadratische Gleichungen
- Reinquadratische Gleichungen 18
- Lösungsformel für die allgemeine quadratische Gleichung 20
- Gleichungen mit Formvariablen 23
- Der Satz von Vieta 24
- Gleichungen, die auf quadratische Gleichungen führen 26
- Wurzelgleichungen 29
- Bruchgleichungen 30
- Textaufgaben, die auf quadratische Gleichungen führen 32
- Quadratische Gleichungen bei Flächenberechnungen 34
- Vermischte Aufgaben 38

Quadratische Funktionen
- Die Funktion $y = x^2$ 40
- Die Funktion $y = x^2 + c$ 41
- Die Funktion $y = (x + d)^2$ 42
- Die Funktion $y = (x + d)^2 + c$ 43
- Die Funktion $y = x^2 + px + q$ 44
- Die Funktion $y = ax^2$ 47
- Die Funktion $y = ax^2 + bx + c$ 48
- Vermischte Aufgaben 50

Inhaltsverzeichnis

Potenzen
Die Potenz 52
Potenzgesetze für natürliche Hochzahlen 53
Rechnen mit Summen und Differenzen 58
Potenzen mit negativen Hochzahlen 60
Der allgemeine Wurzelbegriff 63
Rechnen mit Wurzeln 64
Wurzeln als Potenzen mit gebrochenen Hochzahlen 68
Zehnerpotenzen 70
Terme mit Potenzen 74
Vermischte Aufgaben 76

LÖSUNGEN 77

STICHWORTVERZEICHNIS 112

Quadratwurzeln

DAS QUADRAT EINER ZAHL

Was Du wissen solltest

Das **Quadrat** einer Zahl a ist das Produkt dieser Zahl a mit sich selbst:
$$a \cdot a = a^2.$$
Dabei ist a die **Grundzahl** (Basis) und 2 die **Hochzahl** (Exponent).

Beispiele
- Das Quadrat von 12 ist $12^2 = 12 \cdot 12 = 144$.
- Das Quadrat von -7 ist $(-7)^2 = (-7) \cdot (-7) = 49$.

Aufgaben

1. Bilde die Quadrate der folgenden Zahlen.
   4; 9; 15; 120; -3; -20; 2,4; 3,6; 0,9; $-0,5$; 0,05
2. Bilde die Quadrate der folgenden Bruchzahlen.
   $$\frac{3}{7}, \frac{1}{4}, \frac{5}{9}, \frac{12}{13}, \frac{6}{11}, \frac{1}{25}, \frac{1}{10}, \frac{1}{100}, \frac{1}{1000}$$
3. Nenne alle zweistelligen Zahlen, welche Quadrate von natürlichen Zahlen sind.
4. Nenne alle dreistelligen Zahlen zwischen 400 und 900, welche Quadrate von natürlichen Zahlen sind.
5. Wie viele Stellen besitzen die Quadrate von zweistelligen (dreistelligen) natürlichen Zahlen?
6. Wie viele Dezimalen besitzen die Quadrate von Dezimalzahlen mit einer (zwei) Dezimalen?
7. Für das Quadrieren von Summen gibt es die binomischen Formeln.
   Verwandle damit jeweils in eine Summe.
   a) $(x + y)^2$
   b) $(m - n)^2$
   c) $(2x - 6)^2$
   d) $(a + 3b)^2$
   e) $(7 - 2y)^2$
   f) $(5a + 9b)^2$
8. Berechne den Flächeninhalt eines Quadrates mit folgenden Seitenlängen.
   a) $a = 5 \text{ cm}$
   b) $a = 0,8 \text{ m}$

Quadratwurzeln

DIE QUADRATWURZEL

Was Du wissen solltest

Die **Quadratwurzel** aus einer positiven Zahl a ist diejenige positive Zahl b, deren Quadrat a ist. Wir schreiben $\sqrt{a}$ = b (lies: Wurzel a).

$$\sqrt{a} = b \text{ bedeutet } a = b^2.$$

Die Zahl a unter dem Wurzelzeichen heißt **Radikand**.

Beispiele
- Es ist $\sqrt{49}$ = 7, weil 7 · 7 = 49 gilt.
- Es ist $\sqrt{2{,}25}$ = 1,5, weil 1,5 · 1,5 = 2,25 gilt.
- Es ist $\sqrt{0{,}04}$ = 0,2, weil 0,2 · 0,2 = 0,04 gilt.

Für negative Zahlen gibt es keine Quadratwurzeln, auch sind Quadratwurzeln niemals negativ.

Für positive Zahlen ist das Wurzelziehen die Umkehrung des Quadrierens mit

$$\sqrt{a^2} = \left(\sqrt{a}\right)^2 = a,$$

während für alle Zahlen gilt

$$\sqrt{a^2} = |a|.$$

Beispiele
- Obwohl (–4) · (–4) = 16 gilt, wird mit $\sqrt{16}$ nur die positive Zahl 4 bezeichnet.
- Es ist $\sqrt{7^2}$ = 7 und $\sqrt{(-7)^2}$ = $\sqrt{49}$ = 7.
- Es ist $\left(\sqrt{25}\right)^2$ = 5^2 = 25, während $\left(\sqrt{-25}\right)^2$ nicht definiert ist.

Aufgaben

9. Bestimme die folgenden Quadratwurzeln.

   a) $\sqrt{64}$
   b) $\sqrt{81}$
   c) $\sqrt{169}$
   d) $\sqrt{1{,}44}$
   e) $\sqrt{0{,}09}$
   f) $\sqrt{0{,}0001}$
   g) $\sqrt{1024}$
   h) $\sqrt{1000000}$
   i) $\sqrt{360000}$
   k) $\sqrt{\dfrac{4}{9}}$
   l) $\sqrt{\dfrac{121}{100}}$
   m) $\sqrt{\dfrac{25}{196}}$

Quadratwurzeln

10. Schreibe die folgenden Zahlenwerte als Wurzel einer natürlichen Zahl.
    a) 3
    b) 5
    c) 8
    d) 1
    e) 0
    f) 60
    g) 90
    h) 100
    i) 120

11. Für welche Zahlenwerte sind die folgenden Gleichungen erfüllt?
    a) $x^2 = 9$
    b) $x^2 = 0{,}25$
    c) $x^2 = -1$
    d) $x^2 = -4$
    e) $x^2 = 1$
    f) $x^2 = 0$
    g) $x^2 = 25$
    h) $x^2 = -100$
    i) $x^2 = 100$

12. Berechne die folgenden Wurzeln in mehreren Schritten.
    a) $\sqrt{\sqrt{16}}$
    b) $\sqrt{\sqrt{625}}$
    c) $\sqrt{\sqrt{\sqrt{6561}}}$
    d) $\sqrt{\sqrt{0{,}0001}}$
    e) $\sqrt{\sqrt{49^2}}$
    f) $\sqrt{\sqrt{\sqrt{0{,}1296^2}}}$

13. Welche der folgenden Rechenausdrücke sind nicht definiert, welche sind definiert?
    Gib im zweiten Fall den Wert ohne Wurzelzeichen an.
    a) $\sqrt{(-16)^2}$
    b) $(\sqrt{-16})^2$
    c) $(-\sqrt{16})^2$
    d) $(\sqrt{-36})^2$
    e) $(-\sqrt{36})^2$
    f) $\sqrt{(-36)^2}$
    g) $(-\sqrt{4})^2$
    h) $\sqrt{(-4)^2}$
    i) $(\sqrt{-4})^2$

14. Von einem Quadrat ist der Flächeninhalt gegeben.
    Bestimme jeweils die Seitenlänge.
    a) $225\ m^2$
    b) $0{,}01\ cm^2$
    c) $6{,}25\ ha$
    d) $20{,}25\ a$
    e) $17{,}64\ m^2$
    f) $0{,}9025\ a$
    g) $0{,}09\ cm^2$
    h) $56{,}25\ ha$
    i) $1{,}96\ cm^2$

15. Für welche Werte der Variablen x sind die folgenden Wurzeln definiert?
    a) $\sqrt{x-5}$
    b) $\sqrt{x+3}$
    c) $\sqrt{7-x}$
    d) $\sqrt{(x-3)^2}$
    e) $\sqrt{x^2-4}$
    f) $\sqrt{x^2-9}$
    g) $\sqrt{(x+2)^2}$
    h) $(\sqrt{x+2})^2$
    i) $\sqrt{x^2+2}$

Quadratwurzeln

QUADRATWURZELN ALS IRRATIONALE ZAHLEN

Was Du wissen solltest
Es gibt Zahlen, die in der Menge Q der rationalen Zahlen keine Quadratwurzeln besitzen. So gibt es beispielsweise keine rationale Zahl, welche die Gleichung $x^2 = 2$ erfüllt. Die Zahl $\sqrt{2}$ als eine Lösung dieser Gleichung ist die nicht periodische und nicht abbrechende Dezimalzahl
$$\sqrt{2} = 1{,}414213562373\ldots$$
Zahlen, die weder periodisch noch abbrechend sind, heißen **irrationale Zahlen**. Sie bilden zusammen mit der Menge der rationalen Zahlen die Menge der **reellen Zahlen** $\mathbb{R}$.

Will man solche irrationalen Zahlen durch Dezimalzahlen ausdrücken, ist dies nur durch Runden möglich.

Beispiele
- Bei $\sqrt{0{,}015625} = 0{,}125$ handelt es sich um eine abbrechende Dezimalzahl, also um eine rationale Zahl.
- Bei $\sqrt{\frac{1}{9}} = \frac{1}{3} = 0{,}\overline{3}$ handelt es sich um eine periodische Dezimalzahl, also um eine rationale Zahl.
- Bei $\sqrt{7} = 2{,}645751311$ handelt es sich weder um eine periodische noch um eine abbrechende Dezimalzahl, also um eine irrationale Zahl.

Aufgaben

16. Entscheide jeweils, ob es sich um eine rationale oder um eine irrationale Zahl handelt.
    Gib im zweiten Fall das Ergebnis gerundet auf drei Dezimalen an.

    a) $\sqrt{1{,}21}$ b) $\sqrt{0{,}1024}$ c) $\sqrt{5{,}0}$

    d) $\sqrt{\frac{25}{36}}$ e) $\sqrt{\frac{15}{60}}$ f) $\sqrt{\frac{7}{35}}$

    g) $\sqrt{\frac{10}{15}}$ h) $\sqrt{\frac{2}{128}}$ i) $\sqrt{\frac{1}{2}}$

Quadratwurzeln

BERECHNEN VON QUADRATWURZELN

Was Du wissen solltest
In der Regel werden Quadratwurzeln auf dem Taschenrechner abgelesen und dann mit der geforderten Genauigkeit gerundet. Ohne Taschenrechner kann der Näherungswert für die irrationale Quadratwurzel $\sqrt{a} = b$ durch schrittweises Rechnen nach unterschiedlichen Verfahren gefunden werden.
Alle Verfahren beruhen darauf, daß zunächst ein grober Näherungswert abgeschätzt und dieser dann schrittweise verbessert wird.

Beispiel
- Es soll $\sqrt{2}$ auf zwei Dezimalen bestimmt werden.
  I. Verfahren (**dezimales Probieren**):
  Nach der Quadratwurzeldefinition für $\sqrt{2} = b$ gilt $b^2 = 2$.
  Es ist $1^2 = 1$ und $2^2 = 4$. Somit ist $1 < b < 2$ eine grobe Abschätzung für die gesuchte Zahl b.
  Wir probieren die erste Dezimale
  $1{,}3^2 = 1{,}69$ und $1{,}4^2 = 1{,}96$ und $1{,}5^2 = 2{,}25$
  und erhalten den gesuchten Wert auf eine Dezimale mit 1,4.
  Wir probieren die zweite Dezimale mit
  $1{,}41^2 = 1{,}9881$ und $1{,}42^2 = 2{,}0164$
  und erhalten den gesuchten Wert auf zwei Dezimalen mit $\sqrt{2} = 1{,}42$.
  II. Verfahren (**Newtonverfahren**):
  Für die gesuchte Zahl b gilt $1 < b < 2$.
  Wir wählen $b = 1{,}5$. Dieser Wert weicht um eine gewisse Differenz d vom genauen Wert ab, was zu folgendem Ansatz führt:
  $$\sqrt{2} = 1{,}5 + d_1. \qquad (1)$$
  Beidseitiges Quadrieren beseitigt die Wurzel.
  $$\left(\sqrt{2}\right)^2 = \left(1{,}5 + d_1\right)^2$$
  $$2 = 2{,}25 + 3d_1 + d_1^2$$
  Den gegenüber d_1 kleinen Summanden d_1^2 können wir vernachlässigen.

Quadratwurzeln

Wir erhalten die Gleichung $2 = 2{,}25 + 3d_1$ mit der Lösung
$d_1 = \dfrac{2 - 2{,}25}{3} \approx -0{,}0833$.

Einsetzen in (1) bringt den verbesserten Wert
$\sqrt{2} \approx 1{,}5 - 0{,}0833 \approx 1{,}4167$.

Weiteres Verbessern erfolgt mit dem neuen Ansatz
$$\sqrt{2} = 1{,}4167 + d_2. \qquad (2)$$
Wir berechnen d_2 auf dieselbe Weise wie d_1.

$\left(\sqrt{2}\right)^2 = \left(1{,}4167 + d_2\right)^2$

$2 = 2{,}00704 + 2{,}8334 d_2 + d_2^2$

Vernachlässigen von d_2^2 und Auflösen nach d_2 bringt

$d_2 = \dfrac{2 - 2{,}00704}{2{,}8334} \approx -0{,}00248$.

Einsetzen in (2) bringt den abermals verbesserten Wert
$\sqrt{2} \approx 1{,}4167 - 0{,}00248 \approx 1{,}41422$.

Da in der zweiten Dezimale keine Änderung mehr eintritt können wir das gesuchte Ergebnis auf zwei Dezimalen mit $\sqrt{2} \approx 1{,}41$ angeben.

Aufgaben

17. Zwischen welchen beiden ganzen Zahlen liegen die Werte der folgenden Quadratwurzeln?
    a) $\sqrt{50}$ b) $\sqrt{90}$ c) $\sqrt{19}$
    d) $\sqrt{150}$ e) $\sqrt{33}$ f) $\sqrt{71}$

18. Bestimme die folgenden Quadratwurzelwerte auf zwei Dezimalen durch dezimales Probieren.
    a) $\sqrt{7}$ b) $\sqrt{12}$ c) $\sqrt{20}$

19. Bestimme die folgenden Quadratwurzelwerte auf zwei Dezimalen mit Hilfe des Newtonverfahrens.
    a) $\sqrt{5}$ b) $\sqrt{10}$ c) $\sqrt{3}$

Quadratwurzeln

RECHNEN MIT QUADRATWURZELN

Was Du wissen solltest
Die Quadratwurzel aus einer Summe (Differenz) ist im allgemeinen verschieden von der Summe (Differenz) der Wurzeln. Wurzeln wirken wie Klammern. Vor dem Wurzelziehen muß die Summe (Differenz) zunächst ausgerechnet werden.
Dagegen ist die Quadratwurzel aus einem Produkt (Quotienten) gleich dem Produkt (Quotienten) der Quadratwurzeln aus beiden Faktoren (aus Dividend und Divisor).

$$\sqrt{a \cdot b} = \sqrt{a} \cdot \sqrt{b} \quad a \geq 0, b \geq 0$$

$$\sqrt{\frac{a}{b}} = \frac{\sqrt{a}}{\sqrt{b}} \quad a \geq 0, b > 0$$

Beispiele
- $\sqrt{16 + 9} = \sqrt{25} = 5$, aber $\sqrt{16} + \sqrt{9} = 4 + 3 = 7$
- $\sqrt{25 \cdot 4} = \sqrt{25} \cdot \sqrt{4} = 5 \cdot 2 = 10$ und $\sqrt{100} = 10$
- $\sqrt{\frac{100}{25}} = \frac{\sqrt{100}}{\sqrt{25}} = \frac{10}{5} = 2$ und $\sqrt{4} = 2$

Das Anwenden der Gesetze in umgekehrter Richtung bringt oft Rechenvorteile.
Beispiele
- Zum Berechnen von $\sqrt{32} \cdot \sqrt{2}$ ist es sinnvoll, beide Faktoren unter eine Wurzel zu schreiben und die Wurzel aus dem Produkt zu ziehen:
$\sqrt{32} \cdot \sqrt{2} = \sqrt{32 \cdot 2} = \sqrt{64} = 8$.
- Zum Berechnen von $\sqrt{75} : \sqrt{3}$ ist es sinnvoll, beide Radikanden unter eine Wurzel zu schreiben und die Wurzel aus dem Quotienten zu ziehen:
$\sqrt{75} : \sqrt{3} = \sqrt{75 : 3} = \sqrt{25} = 5$.

Die Addition (Subtraktion) von Quadratwurzeln mit gleichen Radikanden erfolgt nach dem Distributivgesetz.

$$a\sqrt{c} + b\sqrt{c} = (a + b)\sqrt{c} \quad \text{und} \quad a\sqrt{c} - b\sqrt{c} = (a - b)\sqrt{c}$$

Quadratwurzeln

Beispiele
- $10\sqrt{5} + 3\sqrt{5} = (10 + 3)\sqrt{5} = 13\sqrt{5}$
- $8\sqrt{3} - 7\sqrt{3} = (8 - 7)\sqrt{3} = \sqrt{3}$

Aufgaben

20. Berechne die folgenden Wurzelwerte, ohne den Radikanden auszurechnen.

   a) $\sqrt{49 \cdot 16}$ b) $\sqrt{81 \cdot 25}$ c) $\sqrt{4 \cdot 36}$

   d) $\sqrt{64 \cdot 0{,}04}$ e) $\sqrt{0{,}25 \cdot 25}$ f) $\sqrt{144 \cdot 0{,}16}$

   g) $\sqrt{\dfrac{64}{121}}$ h) $\sqrt{\dfrac{49}{100}}$ i) $\sqrt{\dfrac{16}{81}}$

   k) $\sqrt{\dfrac{36 \cdot 16}{100}}$ l) $\sqrt{\dfrac{25 \cdot 9}{49}}$ m) $\sqrt{\dfrac{9 \cdot 81}{64}}$

21. Bestimme die Werte der folgenden Rechenausdrücke durch Anwenden von Rechenvorteilen.

   a) $\sqrt{8} \cdot \sqrt{2}$ b) $\sqrt{3} \cdot \sqrt{27}$ c) $\sqrt{2} \cdot \sqrt{50}$

   d) $\sqrt{2} \cdot \sqrt{6} \cdot \sqrt{12}$ e) $\sqrt{3} \cdot \sqrt{5} \cdot \sqrt{15}$ f) $\sqrt{2} \cdot \sqrt{3} \cdot \sqrt{6}$

   g) $\sqrt{48} : \sqrt{3}$ h) $\sqrt{300} : \sqrt{3}$ i) $\sqrt{45} : \sqrt{5}$

   k) $\dfrac{\sqrt{7} \cdot \sqrt{8}}{\sqrt{14}}$ l) $\dfrac{\sqrt{10} \cdot \sqrt{18}}{\sqrt{5}}$ m) $\dfrac{\sqrt{24}}{\sqrt{3} \cdot \sqrt{2}}$

22. Wende zunächst das Distributivgesetz an und berechne anschließend die Werte der Rechenausdrücke.

   a) $(\sqrt{5} + \sqrt{20}) \cdot \sqrt{5}$ b) $(\sqrt{48} + \sqrt{27}) \cdot \sqrt{3}$

   c) $(\sqrt{32} - \sqrt{8}) \cdot \sqrt{2}$ d) $(\sqrt{18} - \sqrt{2}) \cdot \sqrt{2}$

   e) $(\sqrt{27} + \sqrt{12}) : \sqrt{3}$ f) $(\sqrt{63} - \sqrt{28}) : \sqrt{7}$

   g) $(\sqrt{45} - \sqrt{20}) : \sqrt{5}$ h) $(\sqrt{96} + \sqrt{150}) : \sqrt{6}$

23. Fasse, soweit möglich, zusammen.

   a) $2\sqrt{7} + 8\sqrt{7}$ b) $9\sqrt{10} - 8\sqrt{10}$

   c) $5\sqrt{6} - 6\sqrt{6} + 3\sqrt{6}$ d) $4\sqrt{11} - \sqrt{11} - 3\sqrt{11} + 5\sqrt{11}$

   e) $2\sqrt{3} - 3\sqrt{2} - \sqrt{3} - \sqrt{2}$ f) $7\sqrt{5} - 5\sqrt{7} + 3\sqrt{5} - \sqrt{7}$

Quadratwurzeln

Was Du wissen solltest

Wenn der Radikand einen quadratischen Faktor enthält, so kann dieser durch **teilweises Wurzelziehen** vor die Wurzel geschrieben werden.
Umkehrt kann ein Faktor vor einer Wurzel als quadratischer Faktor in die Wurzel geschrieben werden.

$$\sqrt{a^2 \cdot b} = a \cdot \sqrt{b}, \quad a, b \geq 0$$

Beispiele
- $\sqrt{48} = \sqrt{16 \cdot 3} = \sqrt{16} \cdot \sqrt{3} = 4\sqrt{3}$
- $\sqrt{500} = \sqrt{100 \cdot 5} = \sqrt{100} \cdot \sqrt{5} = 10\sqrt{5}$
- $\sqrt{2a^2} = \sqrt{a^2} \cdot \sqrt{2} = a \cdot \sqrt{2}, \quad a \geq 0$
- $\sqrt{4r^3} = \sqrt{4 \cdot r^2 \cdot r} = \sqrt{4} \cdot \sqrt{r^2} \cdot \sqrt{r} = 2r \cdot \sqrt{r}, \quad r \geq 0$

Aufgaben

24. Versuche, im Radikanden einen quadratischen Faktor abzuspalten, und vereinfache durch teilweises Wurzelziehen.

    a) $\sqrt{8}$ b) $\sqrt{27}$ c) $\sqrt{50}$

    d) $\sqrt{72}$ e) $\sqrt{75}$ f) $\sqrt{300}$

    g) $\sqrt{243}$ h) $\sqrt{450}$ i) $\sqrt{1250}$

    k) $\sqrt{98}$ l) $\sqrt{20000}$ m) $\sqrt{162}$

    n) $\sqrt{363}$ o) $\sqrt{288}$ p) $\sqrt{800}$

25. Versuche, im Radikanden einen quadratischen Faktor abzuspalten, und vereinfache durch teilweises Wurzelziehen
    Alle Variablen sollen positiv sein.

    a) $\sqrt{7a^2}$ b) $\sqrt{16x}$ c) $\sqrt{18u^2}$

    d) $\sqrt{a^2 \cdot b}$ e) $\sqrt{m^2 \cdot n^3}$ f) $\sqrt{8a^2 \cdot b^2}$

    g) $\sqrt{32x^4 \cdot y^3}$ h) $\sqrt{200r^3 \cdot s^3}$ i) $\sqrt{50x \cdot y^4}$

26. Bringe den Faktor jeweils unter die Wurzel.

    a) $3\sqrt{2}$ b) $5\sqrt{7}$ c) $2\sqrt{11}$

    d) $a \cdot \sqrt{3}$ e) $x \cdot \sqrt{x}$ f) $2c \cdot \sqrt{c}$

Quadratwurzeln

Was Du wissen solltest

Bruchterme mit Wurzeln im Nenner werden durch **Rationalmachen des Nenners** in Bruchterme umgeformt, deren Nenner wurzelfrei (rational) sind.

Beispiele

- Der Nenner des Bruches $\dfrac{15}{\sqrt{3}}$ soll rational gemacht werden.

  Erweitern des Bruches mit $\sqrt{3}$ beseitigt die Wurzel im Nenner.

  $$\dfrac{15}{\sqrt{3}} = \dfrac{15\sqrt{3}}{\sqrt{3}\cdot\sqrt{3}} = \dfrac{15\sqrt{3}}{\sqrt{9}} = \dfrac{15\sqrt{3}}{3} = 5\sqrt{3}$$

- Der Nenner des Bruches $\dfrac{4}{3+\sqrt{5}}$ soll rational gemacht werden.

  Wenn im Nenner des Bruches eine Summe steht, dann wenden wir die 3. binomische Formel an. Wir erweitern mit $(3-\sqrt{5})$.

  $$\dfrac{4}{3+\sqrt{5}} = \dfrac{4\cdot(3-\sqrt{5})}{(3+\sqrt{5})(3-\sqrt{5})} = \dfrac{4\cdot(3-\sqrt{5})}{3^2-(\sqrt{5})^2} = \dfrac{4\cdot(3-\sqrt{5})}{9-5} = \dfrac{4\cdot(3-\sqrt{5})}{4}$$

  $$\dfrac{4}{3+\sqrt{5}} = 3-\sqrt{5}$$

Aufgaben

27. Mache die folgenden Nenner rational.

    a) $\dfrac{1}{\sqrt{7}}$ b) $\dfrac{8}{\sqrt{6}}$ c) $\dfrac{3}{\sqrt{3}}$

    d) $\dfrac{5}{2\sqrt{5}}$ e) $\dfrac{1}{2\sqrt{2}}$ f) $\dfrac{6}{5\sqrt{3}}$

    g) $\dfrac{\sqrt{2}}{\sqrt{3}}$ h) $\dfrac{\sqrt{5}}{3\sqrt{3}}$ i) $\dfrac{2\sqrt{2}}{\sqrt{7}}$

28. Suche einen geeigneten Erweiterungsfaktor und mache die folgenden Nenner rational.

    a) $\dfrac{1}{5-\sqrt{3}}$ b) $\dfrac{18}{4-\sqrt{7}}$ c) $\dfrac{12}{\sqrt{5}+1}$

    d) $\dfrac{\sqrt{2}}{\sqrt{3}-\sqrt{2}}$ e) $\dfrac{1}{\sqrt{5}+\sqrt{7}}$ f) $\dfrac{4+\sqrt{2}}{4-\sqrt{2}}$

Quadratwurzeln

VERMISCHTE AUFGABEN

29. Bilde die Quadrate der folgenden Zahlen.
    7; 12; 20; 50; −9; −11; 0,2; 0,8; 0,04; −0,7; −0,01

30. Bilde die Quadrate der folgenden Bruchzahlen.
    $\frac{3}{4}$; $\frac{7}{10}$; $\frac{5}{8}$; $\frac{1}{15}$; $\frac{4}{5}$; $\frac{10}{11}$; $\frac{3}{100}$; $\frac{7}{1000}$

31. Wende die binomischen Formeln an und verwandle jeweils in eine Summe.
    a) $(a-3)^2$
    b) $(2x+5)^2$
    c) $(3m+4n)^2$
    d) $(u-3v)(u+3v)$
    e) $(4x+3y)(4x-3y)$
    f) $(10c-8d)^2$

32. Bestimme die folgenden Quadratwurzeln.
    a) $\sqrt{49}$
    b) $\sqrt{121}$
    c) $\sqrt{25}$
    d) $\sqrt{0{,}16}$
    e) $\sqrt{0{,}04}$
    f) $\sqrt{2{,}25}$
    g) $\sqrt{\frac{25}{36}}$
    h) $\sqrt{\frac{81}{144}}$
    i) $\sqrt{\frac{9}{100}}$

33. Für welche Zahlenwerte sind die folgenden Gleichungen erfüllt?
    a) $x^2 = 4$
    b) $x^2 = -16$
    c) $x^2 = 0{,}64$
    d) $x^2 = \frac{1}{9}$
    e) $x^2 = -\frac{4}{25}$
    f) $x^2 = \frac{16}{81}$

34. Welche der folgenden Rechenausdrücke sind nicht definiert, welche sind definiert?
    Gib im zweiten Fall den Wert ohne Wurzelzeichen an.
    a) $\sqrt{(-9)^2}$
    b) $(\sqrt{-9})^2$
    c) $(-\sqrt{9})^2$
    d) $(-\sqrt{25})^2$
    e) $\sqrt{(-25)^2}$
    f) $(\sqrt{-25})^2$

35. Für welche Werte der Variablen x sind die folgenden Wurzeln definiert?
    a) $\sqrt{x-7}$
    b) $\sqrt{x^2-1}$
    c) $\sqrt{(x-3)^2}$

36. Berechne die folgenden Wurzeln in mehreren Schritten.
    a) $\sqrt{\sqrt{81}}$
    b) $\sqrt{\sqrt{\sqrt{256}}}$
    c) $\sqrt{\sqrt{0{,}0625}}$

Quadratwurzeln

37. Berechne bei folgenden Quadraten jeweils die fehlenden der drei Größen a, A und u.
    a) a = 2,4 cm   b) u = 10 m   c) A = 2,25 m²
    d) u = 1 km   e) A = 16 ha   f) a = 0,8 m

38. Berechne die Oberflächeninhalte der Würfel mit folgenden Kantenlängen.
    a) a = 2 cm   b) a = 1,2 m   c) a = 0,5 mm

39. Von einem Würfel ist der Oberflächeninhalt bekannt. Berechne jeweils die Kantenlänge.
    a) O = 13,5 m²   b) O = 3,84 dm²   c) O = 1536 cm²

40. Berechne die folgenden Wurzelwerte, ohne den Radikanden auszurechnen.
    a) $\sqrt{9 \cdot 49}$ b) $\sqrt{36 \cdot 64}$ c) $\sqrt{16 \cdot 0{,}16}$
    d) $\sqrt{\dfrac{121}{144}}$ e) $\sqrt{\dfrac{4 \cdot 225}{625}}$ f) $\sqrt{\dfrac{100}{169 \cdot 25}}$

41. Bestimme die Werte der folgenden Rechenausdrücke durch Anwenden von Rechenvorteilen.
    a) $\sqrt{2} \cdot \sqrt{32}$ b) $\sqrt{10} \cdot \sqrt{2} \cdot \sqrt{5}$ c) $\sqrt{6} \cdot \sqrt{8} \cdot \sqrt{3}$
    d) $\sqrt{72} : \sqrt{2}$ e) $\sqrt{27} : \sqrt{3}$ f) $\sqrt{700} : \sqrt{7}$

42. Versuche, im Radikanden einen quadratischen Faktor abzuspalten, und vereinfache durch teilweises Wurzelziehen.
    a) $\sqrt{32}$ b) $\sqrt{12}$ c) $\sqrt{162}$
    d) $\sqrt{25x^3}$ e) $\sqrt{700a^2 \cdot b}$ f) $\sqrt{3x^2 \cdot y^4}$

43. Verwandle jeweils in eine Summe und vereinfache.
    a) $(\sqrt{2} + \sqrt{3})(4 + \sqrt{2})$ b) $(5 - \sqrt{8})(\sqrt{3} - \sqrt{2})$
    c) $(\sqrt{2} + \sqrt{6})(\sqrt{24} + \sqrt{8})$ d) $(\sqrt{2} + \sqrt{3})(\sqrt{32} - \sqrt{18})$

44. Mache die folgenden Nenner rational.
    a) $\dfrac{3}{2\sqrt{6}}$ b) $\dfrac{\sqrt{2}}{5\sqrt{5}}$ c) $\dfrac{\sqrt{3}}{2\sqrt{12}}$
    d) $\dfrac{1}{\sqrt{7} - 2}$ e) $\dfrac{\sqrt{3}}{\sqrt{3} + \sqrt{2}}$ f) $\dfrac{1 - \sqrt{5}}{1 + \sqrt{5}}$

Quadratische Gleichungen

REINQUADRATISCHE GLEICHUNGEN

Was Du wissen solltest
Gleichungen, welche sich auf die Form $x^2 = a$ zurückführen lassen, heißen **reinquadratische Gleichungen**.
Im Falle $a > 0$ hat die Gleichung $x^2 = a$ zwei Lösungen $x_1 = -\sqrt{a}$ und $x_2 = \sqrt{a}$.
Im Falle $a = 0$ hat die Gleichung $x^2 = a$ eine Lösung $x = 0$.
Im Falle $a < 0$ hat die Gleichung $x^2 = a$ keine Lösung im Bereich der reellen Zahlen.

Beispiele
- Die Gleichung $x^2 = 5$ besitzt als Lösungsmenge $\mathbb{L} = \{-\sqrt{5}; \sqrt{5}\}$.
- Die Gleichung $x^2 = -4$ besitzt als Lösungsmenge die leere Menge $\mathbb{L} = \{\ \}$.
- Die Gleichung $x^2 = 0$ besitzt als Lösungsmenge $\mathbb{L} = \{0\}$.
- Die Gleichung $x^2 + 3x = 7$ hat neben x^2 den linearen Summanden $3x$.
  Es handelt sich hierbei nicht um eine reinquadratische Gleichung.
  Wir werden solche Gleichungen im nächsten Kapitel (Seite 20) lösen.
- Es ist die Lösungsmenge der Gleichung $4x - (x + 2)^2 = (x + 6)(x - 6)$ gesucht.
  Wir lösen zunächst die Klammern auf und bringen die Gleichung anschließend auf die Form $x^2 = a$.

  $4x - (x + 2)^2 = (x + 6)(x - 6)$

  $4x - (x^2 + 4x + 4) = x^2 - 36$

  $4x - x^2 - 4x - 4 = x^2 - 36$

  $-2x^2 = -32$

  $x^2 = 16 \quad \Rightarrow \quad x_1 = -4, \quad x_2 = 4$

  $\mathbb{L} = \{-4; 4\}$

Es ist sorgfältig zwischen Lösen einer quadratischen Gleichung und Wurzelziehen zu unterscheiden.
Während die Gleichung $x^2 = 9$ die Lösungen $x_1 = -3$ und $x_2 = 3$ besitzt, ist mit $\sqrt{9}$ nur die positive Zahl 3 gemeint.

Quadratische Gleichungen

Aufgaben

45. Gib jeweils die Lösungsmenge an.
   a) $x^2 = 49$ b) $x^2 = 1$
   c) $x^2 = -25$ d) $x^2 = 11$
   e) $x^2 = 0{,}09$ f) $x^2 = -0{,}81$
   g) $x^2 = \dfrac{9}{16}$ h) $x^2 = \dfrac{1}{25}$

46. Forme um und gib jeweils die Lösungsmenge an.
   a) $3x^2 - 75 = 0$ b) $5x^2 - 80 = 0$
   c) $5x^2 - 0{,}2 = 0$ d) $x^2 + 9 = 0$
   e) $4x^2 - 1 = 0$ f) $9x^2 - 1 = 0$
   g) $16x^2 - 49 = 0$ h) $81x^2 - 100 = 0$

47. Forme um und gib jeweils die Lösungsmenge an.
   a) $2x(3x + 5) + 4 = (x + 1)(7x + 3)$
   b) $(x - 2)^2 + (x + 2)(x - 2) = 18 - 4x$
   c) $(2x - 3)^2 - (x - 6)^2 = 21$
   d) $2(x^2 + 3) - (x - 5)^2 = 2(5x + 15)$
   e) $x^2 + (7 + x)^2 = (x + 2)^2 + 5(2x + 9)$
   f) $4(x + 1) - (x + 2)^2 + 2x = 2x - 9$
   g) $(x - 3)(2x + 5) = (x + 3)(x - 4)$

48. Bringe auf den Hauptnenner und gib jeweils die Lösungsmenge an.
   a) $\dfrac{x^2}{2} + \dfrac{x^2}{5} = 21$
   b) $\dfrac{x^2 + 3}{5} = \dfrac{4x^2 + 4}{15} + \dfrac{2x^2 - 4}{6}$
   c) $\dfrac{x^2 + 1}{2} + \dfrac{x^2 - 3}{3} = 1$
   d) $\dfrac{3x^2 - 1}{3} = \dfrac{x^2 - 4}{6} + \dfrac{2x^2 + 1}{2}$

49. Für welche Werte der Variablen a besitzen die folgenden Gleichungen keine, eine bzw. zwei Lösungen?
   a) $x^2 + 5 = a$ b) $x^2 + a = 3$
   c) $x^2 - 4a^2 = 0$ d) $3x^2 + 6a = 12$

Quadratische Gleichungen

LÖSUNGSFORMEL FÜR DIE ALLGEMEINE QUADRATISCHE GLEICHUNG

Was Du wissen solltest

Gleichungen, welche sich auf die Form $x^2 + px + q = 0$ zurückführen lassen, heißen **quadratische Gleichungen**.
Die Lösungen einer solchen quadratischen Gleichung in Normalform erhält man durch Einsetzen der Werte von p und q in die Lösungsformel

$$x_{1/2} = -\frac{p}{2} \pm \sqrt{\left(\frac{p}{2}\right)^2 - q}.$$

Dabei ist $\left(\frac{p}{2}\right)^2 - q$ die **Diskriminante** D.
Ihr Wert bestimmt die Anzahl der Lösungen.
Im Falle D > 0 hat die Gleichung $x^2 + px + q = 0$ zwei Lösungen.
Im Falle D = 0 hat die Gleichung $x^2 + px + q = 0$ genau eine Lösung.
Im Falle D < 0 hat die Gleichung $x^2 + px + q = 0$ keine Lösung im Bereich der reellen Zahlen.

Beispiele
- Die Gleichung $x^2 - 4x - 12 = 0$ besitzt zwei Lösungen.

    $x_{1/2} = 2 \pm \sqrt{4 + 12}$

    $x_{1/2} = 2 \pm 4 \quad \Rightarrow \quad x_1 = 6$ und $x_2 = -2$

    $\mathbb{L} = \{-2; 6\}$

- Die Gleichung $x^2 - 4x + 4 = 0$ besitzt eine Lösung.

    $x_{1/2} = 2 \pm \sqrt{4 - 4}$

    $x_{1/2} = 2 \pm 0 \quad \Rightarrow \quad x_1 = 2$ und $x_2 = 2$

    $\mathbb{L} = \{2\}$

- Die Gleichung $x^2 - 4x + 5 = 0$ besitzt keine Lösung.

    $x_{1/2} = 2 \pm \sqrt{4 - 5}$

    $x_{1/2} = 2 \pm \sqrt{-1}$

    Wegen der negativen Diskriminante D = −1 ist die Wurzel nicht definiert.

Quadratische Gleichungen

Wenn quadratische Gleichungen nicht in der Normalform gegeben sind, dann müssen sie vor Anwenden der Lösungsformel in diese umgeformt werden.

Beispiel
- Die Gleichung $(2x - 1)^2 + (x - 2)^2 = 2(x + 10)$ ist zu lösen.
  Zunächst erfolgt Auflösen der Klammern und Umformen in Normalform.
  $(2x - 1)^2 + (x - 2)^2 = 2(x + 10)$
  $4x^2 - 4x + 1 + x^2 - 4x + 4 = 2x + 20$
  $5x^2 - 8x + 5 = 2x + 20$
  $5x^2 - 10x - 15 = 0$
  Um den Koeffizienten 5 vor dem quadratischen Summanden zu beseitigen, erfolgt beidseitige Division durch 5.
  $x^2 - 2x - 3 = 0$
  $x_{1/2} = 1 \pm \sqrt{1 + 3}$
  $x_{1/2} = 1 \pm 2 \quad \Rightarrow \quad x_1 = 3$ und $x_2 = -1$
  $\mathbb{L} = \{-1; 3\}$

Aufgaben

50. Gib jeweils die Lösungsmenge an.
    - a) $x^2 - 5x + 6 = 0$
    - b) $x^2 + 5x + 6 = 0$
    - c) $x^2 - 2x - 15 = 0$
    - d) $x^2 + 2x - 15 = 0$
    - e) $x^2 - 5x + 4 = 0$
    - f) $x^2 + 3x + 2 = 0$
    - g) $x^2 - x - 12 = 0$
    - h) $x^2 + x - 6 = 0$
    - i) $x^2 - 2x + 0{,}75 = 0$
    - k) $x^2 - 0{,}5x - 7{,}5 = 0$
    - l) $x^2 - 7{,}5x + 14 = 0$
    - m) $x^2 - x - 3{,}75 = 0$

51. Forme um und gib jeweils die Lösungsmenge an.
    - a) $2x^2 + 20x + 48 = 0$
    - b) $4x^2 + 40x + 84 = 0$
    - c) $\frac{1}{2}x^2 + x - 4 = 0$
    - d) $\frac{1}{4}x^2 - 2x + 3 = 0$
    - e) $\frac{5}{6}x^2 + \frac{5}{2}x + \frac{5}{3} = 0$
    - f) $\frac{x^2}{7} - \frac{4x}{7} - \frac{5}{7} = 0$

Quadratische Gleichungen

52. Achte bei den folgenden Aufgaben jeweils auf die Anzahl der Lösungen.
   a) $x^2 - 4x + 4 = 0$ b) $x^2 + 6x + 10 = 0$
   c) $x^2 + 6x + 9 = 0$ d) $x^2 - 6x + 8 = 0$
   e) $x^2 + 2x + 7 = 0$ f) $x^2 - 2x + 1 = 0$
   g) $x^2 - 6x - 7 = 0$ h) $x^2 + 5x + 10 = 0$
   i) $x^2 - x + 1 = 0$ k) $x^2 - x + 0{,}25 = 0$
   l) $x^2 - 0{,}3x + 0{,}02 = 0$ m) $x^2 + 0{,}2x + 0{,}01 = 0$

53. Forme um und gib jeweils die Lösungsmenge an.
   a) $(x + 2)^2 + 29 = (x - 3)^2 - x^2$
   b) $(x - 4)^2 + (x - 3)(x + 3) = 1$
   c) $(x + 3)(x - 5) - 10 = (x + 4)^2 - (x + 5)^2$
   d) $(2x - 1)^2 + (x - 3)^2 = (x - 5)^2 + 21$
   e) $(x + 5)^2 - (4 - 3x)^2 = 9(x^2 + 1)$
   f) $(3x + 8)^2 - 27 = 2(2x + 7)(2x - 7)$
   g) $(x - 2)^2 + 4x = (x - 1)^2 - (x + 3)^2$

54. Bringe auf den Hauptnenner und gib jeweils die Lösungsmenge an.
   a) $\dfrac{2x^2 + 1}{7} - \dfrac{2x^2 - 3}{2} = \dfrac{x^2 - 1}{2} + \dfrac{x^2 + 3}{14}$

   b) $\dfrac{x^2 + 4}{6} - \dfrac{x - 6}{2} = \dfrac{4x - 4}{3}$

   c) $\dfrac{x^2 + 3}{4} + \dfrac{3x^2}{10} = \dfrac{x^2 - 3}{2} + \dfrac{2x^2 - 1}{5}$

   d) $\dfrac{(x + 2)^2}{15} + \dfrac{3x - 1}{3} - \dfrac{3x + 7}{15} = \dfrac{7x - 1}{10}$

   e) $\dfrac{(x + 1)^2}{2} + \dfrac{2x - 1}{4} = \dfrac{(x + 2)^2}{3} + \dfrac{x - 7}{6}$

   f) $\dfrac{2x^2 - 1}{5} + \dfrac{3x^2 - 1}{3} = \dfrac{x^2 + 2}{3} + \dfrac{5x^2 - 4}{5}$

Quadratische Gleichungen

GLEICHUNGEN MIT FORMVARIABLEN

Was Du wissen solltest
Die Variable, nach welcher eine Gleichung aufgelöst wird, heißt **Lösungsvariable**. Diese wird meistens mit x bezeichnet. Weitere in der Gleichung vorkommende Variablen wie a, b, k, t, ... heißen **Formvariablen**. Sie sind Stellvertreter für Zahlen und bestimmen die Anzahl der Lösungen.

Beispiel
- Für welche Werte der Formvariablen a besitzt die Gleichung $x^2 + 6x + a = 0$ keine, genau eine oder zwei Lösungen?
  Einsetzen in die Lösungsformel:
  $x_{1/2} = -3 \pm \sqrt{9-a}$
  Die Diskriminante (Seite 20) $D = 9 - a$ bestimmt die Anzahl der Lösungen.
  Die Gleichung besitzt
  für $9 - a < 0$, d. h. für $a > 9$ **keine** Lösung,
  für $9 - a = 0$, d. h. für $a = 9$ **genau eine** Lösung,
  und für $9 - a > 0$, d. h. für $a < 9$ **zwei** Lösungen.

Aufgaben

55. Bestimme die Formvariable so, daß die folgenden Gleichungen jeweils genau eine Lösung besitzen.
    a) $x^2 - 4x + a = 0$ b) $x^2 + 2bx + 16 = 0$
    c) $x^2 + 8x + k = 0$ d) $x^2 + cx + 1 = 0$
    e) $x^2 + 8x + a^2 = 0$ f) $x^2 + 6bx + 9 = 0$

56. Für welche Werte der Formvariablen besitzen die folgenden Gleichungen keine, genau eine oder zwei Lösungen?
    a) $x^2 + 10x + a = 0$ b) $x^2 + 2x + c = 0$
    c) $x^2 + 2bx + 4$ d) $x^2 + 10kx + 25 = 0$

57. Weshalb ist die quadratische Gleichung $x^2 + px + q = 0$ stets lösbar, wenn der Koeffizient q negativ ist?

Quadratische Gleichungen

DER SATZ VON VIETA

Was Du wissen solltest
Für die Lösungen x_1 und x_2 der quadratischen Gleichung $x^2 + px + q = 0$ gilt
$$x_1 + x_2 = -p \quad \text{und} \quad x_1 \cdot x_2 = q.$$
Mit diesem **Satz von Vieta** können
quadratische Gleichungen mit vorgegebenen Lösungen aufgestellt,
Lösungen quadratischer Gleichungen überprüft
oder aus einer ersten Lösung die zweite Lösung bestimmt werden.

Beispiele
- Es ist eine quadratische Gleichung mit den Lösungen $x_1 = -2$ und $x_2 = 4{,}5$ gesucht.
  Bestimmen der Koeffizienten p und q:

  $x_1 + x_2 = -p$ $\qquad\qquad$ $x_1 \cdot x_2 = q$
  $-2 + 4{,}5 = -p$ $\qquad\qquad$ $-2 \cdot 4{,}5 = q$
  $2{,}5 = -p$ $\qquad\qquad$ $q = -9$
  $p = -2{,}5$

  Einsetzen in die Gleichung der Normalform $x^2 + px + q = 0$ bringt die Gleichung $x^2 - 2{,}5x - 9 = 0$ mit den Lösungen $x_1 = -2$ und $x_2 = 4{,}5$.

- Es ist die quadratische Gleichung $x^2 - 7x - 18 = 0$ zu lösen und anschließend eine Probe durchzuführen.
  Lösen der quadratischen Gleichung:

  $x_{1/2} = 3{,}5 \pm \sqrt{12{,}25 + 18}$
  $x_{1/2} = 3{,}5 \pm 5{,}5 \quad \Rightarrow \quad x_1 = -2, \; x_2 = 9$

  Probe durch Einsetzen der Lösungen in die Formeln von Vieta:

  $-2 + 9 = -p$ $\qquad\qquad$ $-2 \cdot 9 = q$
  $p = -7$ $\qquad\qquad$ $q = -18$

  Ein Vergleich mit den Werten in der gegebenen Gleichung bestätigt diese Ergebnisse.

Quadratische Gleichungen

- Es ist die zweite Lösung der quadratischen Gleichung $x^2 + px - 14 = 0$ sowie der Koeffizient p zu bestimmen, wenn die erste Lösung $x_1 = 7$ ist.
  Einsetzen in die Formel für q:
  $7 \cdot x_2 = -14 \Rightarrow x_2 = (-14) : 7 \Rightarrow x_2 = -2$
  Einsetzen in die Formel für p:
  $7 + (-2) = -p \Rightarrow 5 = -p \Rightarrow p = -5$
  Die quadratische Gleichung lautet $x^2 - 5x - 14 = 0$.
  Sie besitzt die Lösungen $x_1 = 7$ und $x_2 = -2$.

Aufgaben

58. Wie lautet jeweils die Normalform einer quadratischen Gleichung mit den folgenden Lösungen?
    a) $x_1 = 2$, $x_2 = 3$
    b) $x_1 = -2$, $x_2 = -3$
    c) $x_1 = 3$, $x_2 = -1$
    d) $x_1 = -4$, $x_2 = 5$
    e) $x_1 = 2,5$, $x_2 = 3,5$
    f) $x_1 = 4,5$, $x_2 = -0,5$
    g) $x_1 = \frac{1}{2}$, $x_2 = \frac{3}{2}$
    h) $x_1 = -\frac{3}{4}$, $x_2 = \frac{1}{4}$

59. Löse jeweils die folgenden Gleichungen und führe eine Probe durch.
    a) $x^2 + 7x + 12 = 0$
    b) $x^2 - 2x - 15 = 0$
    c) $x^2 - 3x - 13,75 = 0$
    d) $x^2 + x + 0,25 = 0$

60. Bestimme jeweils die 2. Lösung sowie den fehlenden Koeffizienten folgender Gleichungen.
    a) $x^2 + 9x + q = 0$, $x_1 = -5$
    b) $x^2 + px - 12 = 0$, $x_1 = -6$
    c) $x^2 - 7x + q = 0$, $x_1 = 6$
    d) $x^2 + px - 18 = 0$, $x_1 = -18$
    e) $x^2 - 11x + q = 0$, $x_1 = 15$

61. Wie lautet jeweils eine quadratische Gleichung der Form $ax^2 + bx + c = 0$ mit den folgenden Lösungen und dem Koeffizienten a?
    a) $x_1 - 4$, $x_2 = 7$ und $a = 2$
    b) $x_1 = -3$, $x_2 = -9$ und $a = 3$

Quadratische Gleichungen

GLEICHUNGEN, DIE AUF QUADRATISCHE GLEICHUNGEN FÜHREN

Gleichungen der Form $ax^2 + bx = 0$

Was Du wissen solltest

Gleichungen der Form $ax^2 + bx = 0$ sind quadratische Gleichungen. Sie können mit Hilfe der Lösungsformel (Seite 20) gelöst werden. Oft führt bei solchen Gleichungen jedoch Ausklammern eines gemeinsamen Faktors schneller zum Ziel.

Beispiel
- Es ist die Lösung der Gleichung $2x^2 + 8x = 0$ gesucht.
  Lösen durch Anwenden der Lösungsformel:
  Beidseitige Division durch 2:
  $x^2 + 4x = 0$
  $x_{1/2} = -2 \pm \sqrt{4}$
  $x_{1/2} = -2 \pm 2 \Rightarrow x_1 = 0, \ x_2 = -4$
  Lösen durch Ausklammern des gemeinsamen Faktor ist 2x:
  $2x \cdot (x + 4) = 0$
  Ein Produkt nimmt genau dann den Wert 0 an, wenn einer der beiden Faktoren 0 ist. Hier also entweder der Faktor 2x oder der Faktor x + 4.
  Aus $2x = 0$ folgt $x_1 = 0$, aus $x + 4 = 0$ folgt $x_2 = -4$.
  Beide Methoden bringen dieselbe Lösungsmenge $\mathbb{L} = \{0; -4\}$.

Aufgaben

62. Forme zunächst um und bestimme dann die Lösungsmenge jeweils durch Ausklammern.

    a) $3x^2 + 15x = 0$ b) $7x^2 - 21x = 0$
    c) $x^2 - x = 0$ d) $18x = x^2$
    e) $8x^2 + 4x = 6x^2 - 10x$ f) $(x - 5)(x + 5) = x - 25$
    g) $(2x - 3)^2 - (x - 3)^2 = 0$ h) $(4x + 6)^2 = 4(4x + 9)$

Quadratische Gleichungen

Gleichungen der Form $ax^3 + bx^2 + cx = 0$

Was Du wissen solltest
Gleichungen der Form $ax^3 + bx^2 + cx = 0$ sind Gleichungen dritten Grades. Sie werden durch Ausklammern in einen linearen Faktor und in einen quadratischen Faktor zerlegt und anschließend nach bekannten Methoden gelöst.

Beispiel
- Es ist die Lösung der Gleichung $3x^3 + 9x^2 - 30x = 0$ gesucht.
  Ausklammern des gemeinsamen Faktors $3x$:
  $3x \cdot (x^2 + 3x - 10) = 0$
  Beide Faktoren können den Wert 0 annehmen:
  Es ist der lineare Faktor $3x = 0$ für $x_1 = 0$.
  Es ist der quadratische Faktor $x^2 + 3x - 10 = 0$
  für $x_{2/3} = -1{,}5 \pm \sqrt{2{,}25 + 10} = -1{,}5 \pm 3{,}5 \Rightarrow x_2 = 2$ und $x_3 = -5$
  Somit ist $\mathbb{L} = \{-5;\ 0;\ 2\}$ Lösungsmenge der Gleichung $3x^3 + 9x^2 - 30x = 0$.

Mit dieser Methode lassen sich Gleichungen 3. Grades nur dann lösen, wenn das absolute Glied 0 ist. Auf Lösungsmethoden für vollständige Gleichungen 3. Grades wird hier nicht eingegangen.

Aufgaben

63. Forme zunächst um und bestimme dann die Lösungsmenge jeweils durch Ausklammern.

    a) $2x^3 - 8x^2 + 6x = 0$ b) $5x^3 - 15x - 20 = 0$
    c) $x^3 = 5x^2 + 14x$ d) $x^3 = x(x + 12)$
    e) $x(x - 4)^2 - 4x = 0$ f) $x(x^2 - 3x) = 5x$

64. Bestimme jeweils die Lösungsmenge der folgenden Gleichungen, ohne die Klammern auszumultiplizieren.

    a) $(x + 3)(x - 2)(x + 4) = 0$ b) $x(x + 8)(x - 3) = 0$
    c) $(x + 5)(x^2 - 7x + 10) = 0$ d) $(x - 4)(x^2 + 8x + 7) = 0$

Quadratische Gleichungen

Biquadratische Gleichungen

Was Du wissen solltest
Gleichungen der Form $ax^4 + bx^2 + c = 0$ sind **biquadratische Gleichungen**. Sie können durch Ersetzen von x^2 durch eine neue Variable z auf quadratische Gleichungen zurückgeführt werden.

Beispiel
- Es ist die Lösung der Gleichung $x^4 + 5x^2 - 36 = 0$ gesucht.
  Ersetzen wir $x^2 = z$, (1)
  dann ist $x^4 = z^2$. (2)
  Einsetzen von (1) und (2) in die Gleichung $x^4 + 5x^2 - 36 = 0$ bringt die quadratische Gleichung $z^2 + 5z - 36 = 0$.
  Bestimmen der Lösungen für die Variable z:
  $z_{1/2} = -2{,}5 \pm \sqrt{6{,}25 + 36} = -2{,}5 \pm 6{,}5 \Rightarrow z_1 = 4$ und $z_2 = -9$
  Beide Lösungen führen jeweils zu einem Ansatz für die Variable x:
  $x^2 = 4 \Rightarrow x_1 = -2$ und $x_2 = 2$
  $x^2 = -9$ Dieser Ansatz führt wegen $-9 < 0$ zu keinen weiteren Lösungen.
  Lösungsmenge der Gleichung $x^4 + 5x^2 - 36 = 0$ ist somit $\mathbb{L} = \{-2; 2\}$.

Aufgaben

65. Ersetze jeweils die Variable x^2 und löse dann die folgenden biquadratischen Gleichungen.
    a) $x^4 - 8x^2 - 9 = 0$ b) $x^4 - 5x^2 + 4 = 0$
    c) $x^4 - 29x^2 + 100 = 0$ d) $x^4 - 6x^2 + 8 = 0$
    e) $2x^4 + 10x^2 + 8 = 0$ f) $3x^4 + 6x^2 - 9 = 0$

66. Löse die folgenden Gleichungen in einer geeigneten Weise.
    a) $x^4 - 9x^2 = 0$ b) $x^4 - 25x^2 = 0$
    c) $x^4 - 256 = 0$ d) $x^4 - 625 = 0$

67. Weshalb handelt es sich bei $x^4 + 3x - 5 = 0$ um keine biquadratische Gleichung?

Quadratische Gleichungen

WURZELGLEICHUNGEN

Was Du wissen solltest

Gleichungen mit Wurzeln kannst du durch Quadrieren lösen. Du solltest vorher so umformen, daß die Wurzel auf einer Seite der Gleichung allein steht.
Beim Quadrieren können neue Zahlen zur Lösungsmenge hinzukommen. Auch sind Wurzelgleichungen nicht für alle reellen Zahlen definiert. Deshalb ist eine Probe in der Ausgangsgleichung unbedingt erforderlich.

Beispiele

- Es ist die Lösung der Gleichung $\sqrt{x-2} = 4$ gesucht.

  Quadrieren: $(\sqrt{x-2})^2 = 4^2$

  $x - 2 = 16 \Leftrightarrow x = 18$

  Probe: $\sqrt{18-2} = 4 \Leftrightarrow 4 = 4$

  Die Probe bestätigt $x = 18$ als Lösung.

- Es ist die Lösung der Gleichung $1 + \sqrt{x+11} = x$ gesucht.

  Umformen: $\sqrt{x+11} = x - 1$

  Quadrieren: $x + 11 = x^2 - 2x + 1$

  Umformen: $x^2 - 3x - 10 = 0$

  Lösen: $x_{1/2} = 1{,}5 \pm \sqrt{2{,}25 + 10} \Rightarrow x_1 = 5$ und $x_2 = -2$

  Probe für $x = 5$: $1 + \sqrt{5+11} = 5 \Leftrightarrow 5 = 5$ (wahr)

  Probe für $x = -2$: $1 + \sqrt{-2+11} = -2 \Leftrightarrow 2 = -2$ (falsch)

  Die Probe bringt $x = 5$ als einzige Lösung.

Aufgaben

68. Löse die folgenden Wurzelgleichungen und führe anschließend eine Probe durch.

    a) $\sqrt{x-4} = 3$

    b) $\sqrt{x^2+9} = x + 1$

    c) $\sqrt{x+3} = \sqrt{2x-3}$

    d) $1 + \sqrt{4x^2-3} = 2x$

    e) $\sqrt{3x+19} = x + 3$

    f) $x + \sqrt{x+4} = 2$

Quadratische Gleichungen

BRUCHGLEICHUNGEN

Was Du wissen solltest

Gleichungen mit Brüchen, bei welchen die Lösungsvariable im Nenner vorkommt, heißen **Bruchgleichungen**.

Alle Zahlen, die beim Einsetzen für die Variable x keinen der Nenner 0 werden lassen, bilden die **Definitionsmenge** D dieser Bruchgleichung. Die Lösungsmenge einer Bruchgleichung kann nur eine Teilmenge dieser Definitionsmenge D sein.

Wenn nicht anders angegeben, soll die Grundmenge jeweils die Menge $\mathbb{R}$ der reellen Zahlen sein.

Beispiele

- Die Gleichung $\frac{1}{14}x^2 + \frac{1}{2}x + \frac{5}{7} = 0$ stellt keine Bruchgleichung dar, da die Variable x in keinem der Nenner vorkommt.

  Beidseitige Multiplikation mit 14 bringt die Normalform $x^2 + 7x + 10 = 0$ mit den Lösungen $x_{1/2} = -3{,}5 \pm \sqrt{12{,}25 - 10} \Rightarrow x_1 = -5$ und $x_2 = -2$. Somit ist $\mathbb{L} = \{-5; -2\}$.

- Es ist die Lösungsmenge der Gleichung $\frac{x}{20} + \frac{1}{5x} = \frac{1}{4}$ gesucht.

  Bei dieser Gleichung handelt es sich um eine Bruchgleichung.
  Wir erkennen den Hauptnenner mit 20x.
  Bestimmen der Definitionsmenge:

  Wegen $20x \neq 0$ für $x \neq 0$ ist $D = \mathbb{R} \setminus \{0\}$.
  Erweitern:

  $$\frac{x \cdot x}{20x} + \frac{4 \cdot 1}{20x} = \frac{5x \cdot 1}{20x}$$

  Beidseitige Multiplikation mit dem Hauptnenner:

  $x^2 + 4 = 5x$

  $x^2 - 5x + 4 = 0$

  $x_{1/4} = 2{,}5 \pm \sqrt{6{,}25 - 4} \Rightarrow x_1 = 4$ und $x_2 = 1$

  Da beide Lösungen der Definitionsmenge angehören, ist $\mathbb{L} = \{1; 4\}$.

Quadratische Gleichungen

- Es ist die Lösungsmenge der Gleichung $\dfrac{6x-4}{2x-2} = \dfrac{15x}{3x+3} + \dfrac{2}{x^2-1}$ gesucht.

Bestimmen des Hauptnenners durch Zerlegen in Primfaktoren:
$2x - 2 = 2 \cdot (x - 1)$
$3x + 3 = 3 \cdot (x + 1)$
$x^2 - 1 = (x-1) \cdot (x+1)$
HN: $2 \cdot 3 \cdot (x-1) \cdot (x+1) = 6(x^2 - 1)$

Bestimmen der Definitionsmenge:
Keiner der in der Nennerzerlegung vorkommenden Faktoren darf 0 sein.
$x - 1 \neq 0 \Rightarrow x \neq 1$ und $x + 1 \neq 0 \Rightarrow x \neq -1$
Somit ist $D = \mathbb{R} \setminus \{-1, 1\}$.

Erweitern mit den in der Primfaktorenzerlegung fehlenden Faktoren:
$$\frac{(6x-4) \cdot 3 \cdot (x+1)}{6(x^2-1)} = \frac{15x \cdot 2 \cdot (x-1)}{6(x^2-1)} + \frac{2 \cdot 6}{6(x^2-1)}$$

Beidseitige Multiplikation mit dem Hauptnenner:
$18x^2 + 18x - 12x - 12 = 30x^2 - 30x + 12$
$x^2 - 3x + 2 = 0$
$x_{1/2} = 1{,}5 \pm \sqrt{2{,}25 - 2} \Rightarrow x_1 = 2$ und $x_2 = 1$

Da die zweite Lösung nicht zur Definitionsmenge gehört, ist $\mathbb{L} = \{2\}$.

Aufgaben

69. Bestimme jeweils die Lösungsmenge der folgenden Bruchgleichungen.

a) $\dfrac{x}{12} + \dfrac{1}{4x} = \dfrac{1}{3}$

b) $\dfrac{x}{4} = \dfrac{1}{2} + \dfrac{2}{x}$

c) $\dfrac{1}{2x} + \dfrac{3}{4x-6} = \dfrac{x}{2x-3}$

d) $\dfrac{5x+3}{x^2+2x+1} = \dfrac{x+5}{2x+2} + \dfrac{x}{x+1}$

e) $\dfrac{3x+1}{x-3} + \dfrac{x-7}{x+3} = \dfrac{20x}{x^2-9}$

f) $\dfrac{9}{x+1} + 1 = \dfrac{8}{x}$

g) $\dfrac{x}{2x+1} = \dfrac{2x}{2x-1} - \dfrac{10}{8x^2-2}$

h) $\dfrac{12x+5}{x-2} = \dfrac{10x^2-9x-29}{x^2-4} + \dfrac{x}{x+2}$

Quadratische Gleichungen

TEXTAUFGABEN, DIE AUF QUADRATISCHE GLEICHUNGEN FÜHREN

Was Du wissen solltest
Bei Textaufgaben wird für die gesuchte Größe eine Variable, meistens x, eingeführt. Sind weitere Größen gesucht, werden sie als Terme durch diese Variable ausgedrückt. Aus den in der Aufgabe gestellten Bedingungen wird eine Gleichung aufgestellt, diese dann gelöst.
Falls eine Probe durchgeführt wird, muß diese zwingend am Aufgabentext durchgeführt werden und darf nicht im Ansatz geschehen.

Beispiele
- Wenn man zum Siebenfachen einer natürlichen Zahl das Quadrat der um 2 größeren Zahl addiert, dann erhält man 130.
  Wie lautet diese Zahl?
  Die gesuchte Zahl sei x.
  Das Siebenfache dieser Zahl ist 7x.
  Die um 2 größere Zahl ist x + 2, deren Quadrat ist $(x + 2)^2$.
  Die in der Aufgabe formulierte Bedingung führt zum Ansatz
  $$7x + (x + 2)^2 = 130$$
  $$7x + x^2 + 4x + 4 = 130$$
  $$x^2 + 11x - 126 = 0$$
  $$x_{1/2} = -5{,}5 \pm \sqrt{30{,}25 + 126} \quad \Rightarrow \quad x_1 = -18 \text{ und } x_2 = 7$$
  Da eine natürliche Zahl gesucht ist, entfällt die negative Lösung.
  Die gesuchte Zahl lautet 7.
  Probe am Text:
  $$7 \cdot 7 + (7 + 2)^2 = 49 + 81 = 130$$

- Wenn man zu einem Bruch den Kehrwert addiert, erhält man $\frac{13}{6}$.
  Wie heißt dieser Bruch?
  Der gesuchte Bruch sei x.
  Der Kehrwert dieses Bruches ist $\frac{1}{x}$.

Quadratische Gleichungen

Die in der Aufgabe formulierte Bedingung führt zum Ansatz

$$x + \frac{1}{x} = \frac{13}{6} \quad | \cdot 6x$$

$$6x^2 + 6 = 13x$$

$$x^2 - \frac{13}{6}x + 1 = 0$$

$$x_{1/2} = \frac{13}{12} \pm \sqrt{\frac{169}{144} - 1} = \frac{13}{12} \pm \frac{5}{12} \quad \Rightarrow \quad x_1 = \frac{3}{2} \text{ und } x_2 = \frac{2}{3}$$

Für den gesuchten Bruch gibt es zwei Möglichkeiten.
Der gesuchte Bruch lautet entweder $\frac{3}{2}$ oder $\frac{2}{3}$.

Aufgaben

70. Addiert man zum Doppelten einer reellen Zahl das Quadrat der um 3 größeren Zahl, erhält man 74.
    Wie lautet diese reelle Zahl?
71. Wenn man eine natürliche Zahl mit der um 2 kleineren Zahl multipliziert, dann erhält man 143.
    Wie lautet diese natürliche Zahl?
72. Zwei Zahlen unterscheiden sich um 10.
    Wie lauten diese Zahlen, wenn die Summe ihrer Quadrate 850 beträgt?
73. Zwei Zahlen unterscheiden sich um 3.
    Wie lauten diese Zahlen, wenn ihr Produkt 868 beträgt?
74. Wenn man zu einem Bruch seinen Kehrwert addiert, erhält man $\frac{25}{12}$.
    Wie lautet dieser Bruch?
75. Eine zweiziffrige Zahl besitzt die Quersumme 5. Multipliziert man diese Zahl mit ihrer Zehnerziffer, erhält man 46.
    Wie lautet diese Zahl?
76. Die Quersumme einer zweiziffrigen Zahl ist 7. Vertauscht man die Ziffern und multipliziert die neue Zahl mit der ursprünglichen Zahl, erhält man 976.
    Wie heißt diese Zahl?

Quadratische Gleichungen

QUADRATISCHE GLEICHUNGEN BEI FLÄCHENBERECHNUNGEN

Was Du wissen solltest
Während bei Zahlenrätseln negative Ergebnisse oft sinnvolle Lösungen darstellen, führen bei geometrischen Sachverhalten negative Ergebnisse meistens nicht zu sinnvollen Lösungen.

Um den algebraischen Rechengang übersichtlich zu halten, wollen wir in den Gleichungen bei Größen die Maßeinheiten weglassen. Es ist jedoch zu beachten, daß in gleichen Maßeinheiten gerechnet wird.

Beispiele

- Welche Seitenlängen besitzt ein Rechteck mit 40 cm Umfang und 96 cm² Flächeninhalt?

    Mit a und b als Seitenlängen ist

    $40 = 2a + 2b$ (1)

    und

    $96 = a \cdot b$ (2)

    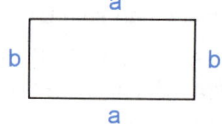

    Auflösen von (1) nach b und Einsetzen in (2):

    $96 = a \cdot (20 - a)$

    $a^2 - 20a + 96 = 0$

    $a_{1/2} = 10 \pm 2 \quad \Rightarrow \quad a_1 = 12$ und $a_2 = 8$

    Berechnen von b in (1) oder (2):

    $b_1 = 72 : 12 = 8$ und $b_2 = 72 : 8 = 12$

    Bei Rechtecken sind die Maßzahlen von Länge und Breite austauschbar.

    Die gesuchten Rechteckseiten messen 8 cm und 12 cm.

- Die Kathetenlängen eines rechtwinkligen Dreiecks unterscheiden sich um 3 cm. Wie lang sind diese und die Hypotenusenlänge, wenn der Umfang 36 cm mißt?

    Die erste Kathetenlänge sei x, dann ist die zweite Kathetenlänge $x + 3$.

    Für die drei Seitenlängen gilt

    $36 = x + x + 3 + c$

    $\Rightarrow \quad c = 33 - 2x$

    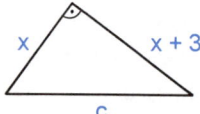

Quadratische Gleichungen

Für die Seitenlängen in rechtwinkligen Dreiecken gilt der Satz des Pythagoras: $c^2 = a^2 + b^2$.
Einsetzen:

$(33 - 2x)^2 = x^2 + (x + 3)^2$

$1089 - 132x + 4x^2 = x^2 + x^2 + 6x + 9$

$x^2 - 69x + 540 = 0$

$x_{1/2} = 34{,}5 \pm 25{,}5 \quad \Rightarrow \quad x_1 = 60 \text{ und } x_2 = 9$

Die erste Lösung wäre als Kathetenlänge mit 60 cm größer als der Umfang mit 36 cm.
Somit ist 9 cm als erste Kathetenlänge die einzige Lösung.
Die zweite Kathete mißt dann 9 cm + 3 cm = 12 cm.
Die Hypotenuse ist 36 cm – 9 cm – 12 cm = 15 cm lang.

- Das nebenstehende regelmäßige Trapez hat einen Flächeninhalt von 32 cm².
  Es sind die Seitenlängen und die Höhe gesucht.
  Einsetzen in die Flächenformel:

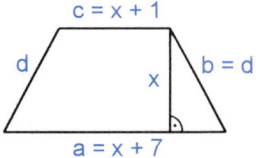

$A = \dfrac{a + c}{2} \cdot h$

$32 = \dfrac{x + 7 + x + 1}{2} \cdot x$

$64 = (2x + 8) \cdot x$

$x^2 + 4x - 32 = 0$

$x_{1/2} = -2 \pm 6 \quad \Rightarrow \quad x_1 = 4 \text{ und } x_2 = -8$

Da –8 als gesuchte Trapezhöhe entfällt, ist h = 4 cm einzige Lösung.
Die beiden Grundseiten messen dann a = 4 cm + 7 cm = 11 cm
und c = 4 cm + 1 cm = 5 cm.
Berechnen der Schenkellänge d:

$d^2 = h^2 + \left(\dfrac{a - c}{2}\right)^2 = 4^2 + 3^3 = 25 \quad \Rightarrow \quad d = 5$

Die Seitenlänge d mißt 5 cm.

Quadratische Gleichungen

Aufgaben

77. Die Seitenlängen eines Rechtecks unterscheiden sich um 6 cm. Wie lang sind diese, wenn der Flächeninhalt 216 cm^2 mißt?
78. Ein Rechteck besitzt einen Umfang von 56 cm. Seine Diagonalenlänge mißt 20 cm.
    Berechne die Seitenlängen.
79. Ein Rechteck besitzt 32 cm Umfang und 63 cm^2 Flächeninhalt.
    Berechne die Seitenlängen.
80. Die Seitenlängen eines rechtwinkligen Dreiecks unterscheiden sich um jeweils 2 cm.
    Berechne die Seitenlängen.
81. Bei einem rechtwinkligen Dreieck ist eine Kathete 7 cm länger als die andere Kathete.
    Wie lang sind die Dreieckseiten, wenn der Umfang 30 cm mißt?
82. Bei einem Dreieck ist die Grundseite 2 cm länger als die zugehörende Höhe. Wie lang sind die Grundseite und diese Höhe, wenn der Flächeninhalt des Dreiecks 31,5 cm^2 mißt?
83. Wenn man bei einem Quadrat die eine Seitenlänge um 1 cm verkürzt und die andere Seitenlänge verdoppelt, entsteht ein Rechteck mit einem um 24 cm^2 größeren Flächeninhalt.
    Berechne die Seitenlängen des Quadrates.
84. Wenn man bei einem Quadrat die eine Seitenlänge halbiert und die andere Seitenlänge um 2 cm verlängert, entsteht ein Rechteck mit einem um 24 cm^2 kleineren Flächeninhalt.
    Berechne die Seitenlänge des Quadrates.
85. Wenn man bei einem Würfel alle Kantenlängen um 1 cm verlängert, entsteht ein Würfel mit einem um 91 cm^3 größeren Volumen.
    Berechne die ursprüngliche Kantenlänge des Würfels.
86. Wenn man bei einem Würfel alle Kantenlängen um 2 cm verkürzt, entsteht ein Würfel mit einem um 2168 cm^3 kleineren Volumen.
    Berechne die ursprüngliche Kantenlänge des Würfels.

Quadratische Gleichungen

87. In einem rechtwinkligen Dreieck mißt der Umfang 36 cm und der Flächeninhalt 54 cm². Berechne die Seitenlängen.

88. In einem rechtwinkligen Dreieck mißt der Umfang 30 cm und der Flächeninhalt 30 cm² Berechne die Seitenlängen.

89. Bestimme jeweils die Maßzahlen der Seitenlängen in folgenden rechtwinkligen Dreiecken.

a) Seiten: $x+3$, x, $x+6$

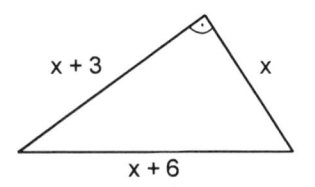

b) Seiten: $x+14$, x, $x+16$

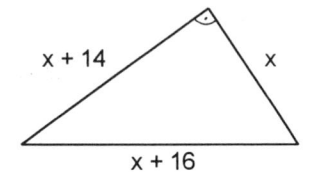

90. Bestimme die Maßzahlen der Seitenlängen in folgendem Drachenviereck.

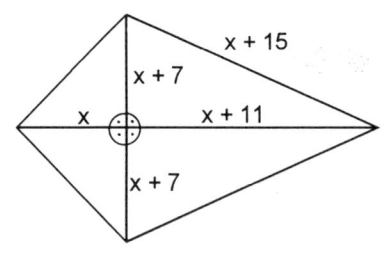

Seiten: $x+7$, $x+15$, x, $x+11$, $x+7$

91. Bestimme jeweils die Maßzahlen der Höhe und der Grundseitenlängen in folgenden Trapezen.

a) $A = 24$ cm² — Trapez mit $x+1$, x, $x+3$

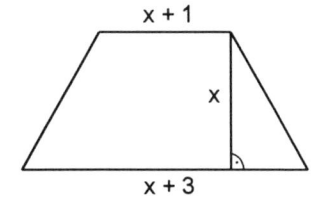

b) $A = 20$ cm² — Trapez mit x, $x+2$, $x+6$

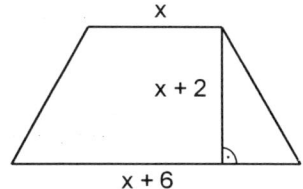

Quadratische Gleichungen

VERMISCHTE AUFGABEN

92. Gib jeweils die Lösungsmenge an.
    a) $x^2 = 64$
    b) $x^2 = 5$
    c) $x^2 = \dfrac{4}{25}$
    d) $x^2 = \dfrac{1}{9}$
    e) $4x^2 - 36 = 0$
    f) $2x^2 - 0{,}08 = 0$

93. Gib die Lösungen der folgenden Gleichungen durch Rationalmachen des Nenners und teilweises Wurzelziehen jeweils in möglichst einfacher Form an.
    a) $x^2 = 80$
    b) $x^2 = 63$
    c) $x^2 = \dfrac{1}{3}$
    d) $x^2 = \dfrac{4}{5}$
    e) $x^2 = \dfrac{50}{147}$
    f) $x^2 = \dfrac{27}{125}$

94. Gib jeweils die Lösungsmenge an und achte auf die Anzahl der Lösungen.
    a) $x^2 - 7x - 8 = 0$
    b) $x^2 + 10x + 25 = 0$
    c) $x^2 + 8x - 9 = 0$
    d) $x^2 + 4x + 5 = 0$
    e) $x^2 + 5x - 9{,}75 = 0$
    f) $x^2 - 1{,}1x + 0{,}28 = 0$

95. Rechne beim Lösen der folgenden Gleichungen mit Brüchen.
    a) $x^2 - \dfrac{8}{15}x + \dfrac{1}{15} = 0$
    b) $x^2 - \dfrac{7}{6}x + \dfrac{1}{3} = 0$
    c) $x^2 + \dfrac{7}{12}x + \dfrac{1}{12} = 0$
    d) $x^2 + \dfrac{1}{2}x - \dfrac{5}{64} = 0$
    e) $x^2 - \dfrac{2}{7}x - \dfrac{3}{21} = 0$
    f) $x^2 - \dfrac{10}{9}x + \dfrac{8}{27} = 0$

96. Gib jeweils die Lösungsmenge an.
    a) $(x + 3)^2 + 9 - 20x = (x - 2)^2 - (x + 1)^2$
    b) $5(2x + 3)(6 - x) + x(9x + 7) = (3x - 8)^2 - 84$
    c) $2(x - 1)(x + 2) - 5 = (x - 1)(x + 1)$

97. Gib jeweils die Lösungsmenge an.
    a) $\dfrac{x}{2} + \dfrac{3 + x}{3x} = \dfrac{x + 9}{6}$
    b) $\dfrac{x + 1}{2x - 2} = \dfrac{x^2 - 5}{x^2 - 1} + \dfrac{2}{x + 1}$

Quadratische Gleichungen

98. Wie lautet jeweils die Normalform einer quadratischen Gleichung mit den folgenden Lösungen?
    a) $x_1 = 4$ und $x_2 = -3$ b) $x_1 = 0{,}5$ und $x_2 = 0{,}2$
    c) $x_1 = -5{,}2$ und $x_2 = -1{,}5$ d) $x_1 = 2{,}4$ und $x_2 = 4{,}5$

99. Bestimme jeweils die 2. Lösung und den fehlenden Koeffizienten folgender Gleichungen.
    a) $x^2 + px + 5 = 0$, $x_1 = -1$
    b) $x^2 - 17x + q = 0$, $x_1 = 18$
    c) $x^2 - x + q = 0$, $x_1 = 0{,}8$
    d) $x^2 + px - 10{,}5 = 0$, $x_1 = 3{,}5$

100. Für welche Werte der Formvariablen besitzen die folgenden Gleichungen keine, genau eine oder zwei Lösungen?
    a) $x^2 + 4x + k = 0$ b) $x^2 + 6ax + 36 = 0$

101. Addiert man zum Quadrat einer natürlichen Zahl das Quadrat der um 1 kleineren Zahl, so erhält man das Siebzehnfache der um 2 kleineren Zahl. Wie heißt diese Zahl?

102. Der Zähler eines Bruches ist um 2 kleiner als sein Nenner. Vergrößert man den Zähler und den Nenner jeweils um 5 und addiert diesen neuen Bruch zum ursprünglichen Bruch, so erhält man 1,4. Wie heißt dieser Bruch?

103. Von den folgenden Figuren ist jeweils der Flächeninhalt gegeben. Bestimme die Seitenlängen.
    a) $A = 192 \text{ cm}^2$ b) $A = 240 \text{ cm}^2$

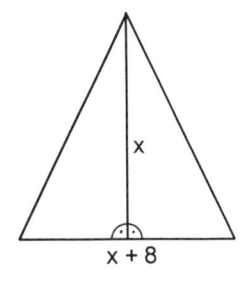

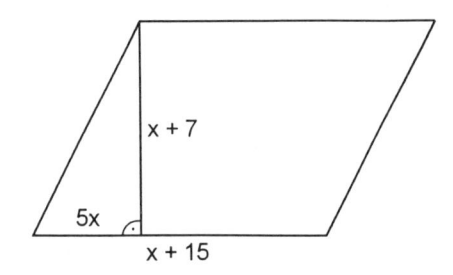

Quadratische Funktionen

DIE FUNKTION $y = x^2$

Was Du wissen solltest
Die Funktion mit der Gleichung $y = x^2$ ordnet jeder reellen Zahl x ihr Quadrat zu. Sie heißt **Quadratfunktion**.
Werden die Punkte (x / y) mit $y = x^2$ in ein Koordinatensystem gezeichnet, entsteht das Schaubild dieser Quadratfunktion. Es wird **Normalparabel** genannt. Die y-Achse ist Symmetrieachse dieser Parabel, der Punkt S(0/0) heißt **Scheitelpunkt** oder kurz **Scheitel** dieser Parabel.

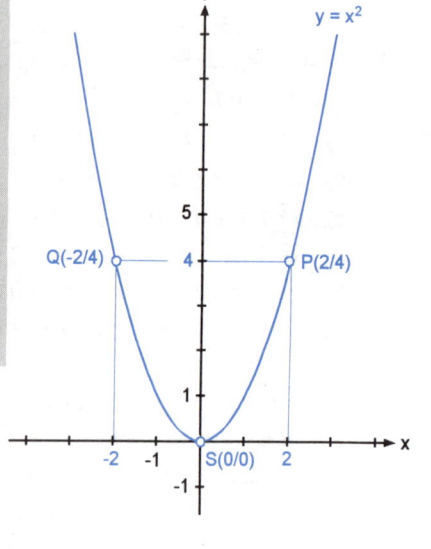

Beispiel
- Es ist die Koordinate x gesucht, so daß P(x/4) zur Normalparabel gehört.
  Einsetzen in die Gleichung $y = x^2$:
  $4 = x^2 \Rightarrow x_1 = -2$ und $x_2 = 2$
  Die gesuchten Punkte sind $P_1(-2/4)$ und $P_2(2/4)$.

Mit der Quadratfunktion wird eine Zuordnung bezeichnet. Dagegen stellt $y = x^2$ die Funktionsgleichung dar. Wir müßten somit mathematisch korrekt von einer „Funktion mit der Gleichung $y = x^2$" sprechen. Wir sprechen jedoch einfacher von der „Funktion $y = x^2$".

Aufgaben

104. Bestimme die jeweils fehlenden Koordinaten so, daß die Punkte zur Normalparabel gehören.
    a) P(x/2,25)   b) Q(1,5/y)   c) R(x/16)
105. Welche der folgenden Punkte gehören jeweils zur Normalparabel?
    a) P(-1/1)   b) Q(3,5/10,5)   c) R(-0,4/0,16)

Quadratische Funktionen

DIE FUNKTION $y = x^2 + c$

Was Du wissen solltest

Die Parabel $y = x^2 + c$ entsteht aus der Normalparabel $y = x^2$ durch Verschiebung um c in y-Richtung. Dabei wird die Normalparabel bei c > 0 um c Einheiten nach oben und bei c < 0 um c Einheiten nach unten verschoben.
Der Scheitel der Parabel $y = x^2 + c$ liegt somit auf der y-Achse bei S(0/c).

Beispiele

- Die Gleichung einer verschobenen Normalparabel mit dem Scheitelpunkt S(0/ – 4) lautet $y = x^2 - 4$.
- Eine in y-Richtung verschobene Normalparabel enthält den Punkt P(2/3). Wie lautet ihre Gleichung?
  Einsetzen der Koordinaten von P(2/3) in die Gleichung $y = x^2 + c$:
  $3 = 2^2 + c \Leftrightarrow 3 = 4 + c \Rightarrow c = -1$
  Die gesuchte Parabelgleichung lautet $y = x^2 - 1$.

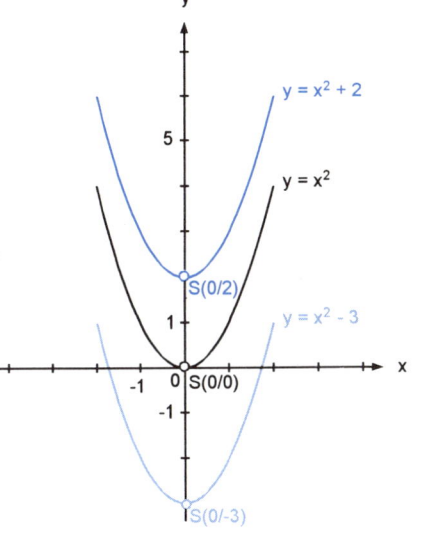

Aufgaben

106. Bestimme jeweils den Scheitelpunkt und zeichne die Parabel.
   a) $y = x^2 + 1$ b) $y = x^2 - 2$ c) $y = x^2 + 3$

107. Wie lauten die Gleichungen von verschobenen Normalparabeln mit den folgenden Scheitelpunkten?
   a) S(0/3,5)   b) S(0/ – 7)   c) S(0/ – 1,5)

108. Bestimme die Gleichung einer in y-Richtung verschobenen Normalparabel, welche den Punkt P enthält.
   a) P(– 3/7)   b) P(1/5)   c) P(– 2/ – 1)

Quadratische Funktionen

DIE FUNKTION $y = (x + d)^2$

Was Du wissen solltest
Die Parabel $y = (x + d)^2$ entsteht aus der Parabel $y = x^2$ durch Verschiebung um $-d$ in x-Richtung. Dabei wird die Normalparabel bei $d > 0$ um d Einheiten nach links und bei $d < 0$ um d Einheiten nach rechts verschoben. Der Scheitel der Parabel $y = (x + d)^2$ liegt auf der x-Achse bei $S(-d/0)$.

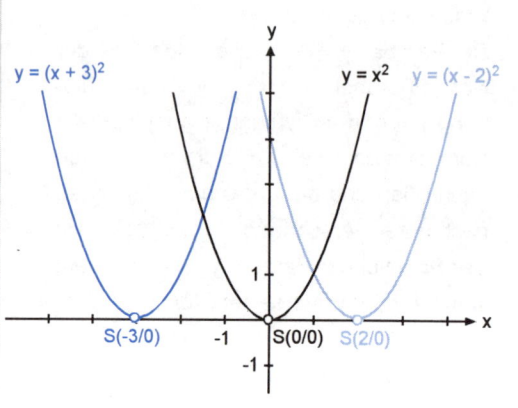

Beispiel
- Wie lautet die Gleichung einer in x-Richtung verschobenen Normalparabel, welche den Punkt P(3/4) enthält?
Einsetzen der Koordinaten von P(3/4) in die Gleichung $y = (x + d)^2$.
$4 = (3 + d)^2$
$4 = 9 + 6d + d^2$
$d^2 + 6d + 5 = 0 \Rightarrow d_{1/2} = -3 \pm 2 \Rightarrow d_1 = -1$ und $d_2 = -5$
Es gibt zwei Lösungen mit $y = (x - 1)^2$ und $y = (x - 5)^2$.

Aufgaben
109. Bestimme jeweils den Scheitelpunkt und zeichne die Parabel.
   a) $y = (x + 1)^2$ b) $y = (x - 4)^2$ c) $y = (x + 2,5)^2$
110. Wie lauten die Gleichungen von verschobenen Normalparabeln mit den folgenden Scheitelpunkten?
   a) $S(-4/0)$ b) $S(5/0)$ c) $S(3,5/0)$
111. Bestimme die Gleichung einer in x-Richtung verschobenen Normalparabel, welche den Punkt P enthält.
   a) P(4/1)   b) P(0/9)   c) P(-2/1)

Quadratische Funktionen

DIE FUNKTION $y = (x + d)^2 + c$

Was Du wissen solltest
Die Parabel $y = (x + d)^2 + c$ entsteht aus der Parabel $y = x^2$ durch Verschiebung um $-d$ Einheiten in x-Richtung und um c Einheiten in y-Richtung.
Der Scheitel der Parabel $y = (x + d)^2 + c$ ist $S(-d/c)$.

Beispiele
- Die Parabel $y = (x - 3)^2 - 2$ entsteht aus der Normalparabel $y = x^2$ durch Verschiebung um 3 Einheiten nach rechts (beachte hier den Vorzeichenwechsel) und um 2 Einheiten nach unten. Somit ist der Scheitel $S(3/-2)$.
- Für welche Werte von x nimmt die Funktion $y = (x + 2)^2 - 1$ den Wert 24 an?
  Einsetzen von $y = 24$ in die Parabelgleichung:
  $24 = (x + 2)^2 - 1$
  $24 = x^2 + 4x + 4 - 1$
  $x^2 + 4x - 21 = 0 \Rightarrow x_{1/2} = -2 \pm 5 \Rightarrow x_1 = 3$ und $x_2 = -7$
  Die Parabel $y = (x + 2)^2 - 1$ nimmt für $x_1 = 3$ und $x_2 = -7$ den Wert 24 an.

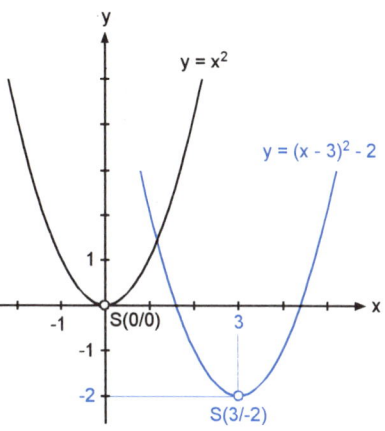

Aufgaben
112. Bestimme jeweils den Scheitel und zeichne die Parabel.
   a) $y = (x - 2)^2 + 1$ b) $y = (x + 3)^2 - 4$ c) $y = (x + 1)^2 + 2$
113. Wie lauten die Gleichungen von verschobenen Normalparabeln mit den folgenden Scheitelpunkten?
   a) $S(4/3)$ b) $S(-5/-2)$ c) $S(-1/4)$
114. Für welche x nimmt die Funktion $y = (x - 2)^2 + 3$ die folgenden Werte an?
   a) $y = 7$ b) $y = 3$ c) $y = 4$

Quadratische Funktionen

DIE FUNKTION $y = x^2 + px + q$

Scheitelpunktbestimmung

Was Du wissen solltest
Das Schaubild der Funktion $y = x^2 + px + q$ ist eine verschobene Normalparabel. Um den Scheitelpunkt zu finden, muß die Funktionsgleichung in die **Scheitelpunktform** $y = (x + d)^2 + c$ umgeformt werden.

Beispiel
- Es ist der Scheitelpunkt der Parabel $y = x^2 + 6x + 7$ gesucht.
  Umformen in Scheitelpunktform:
  Wir führen eine **quadratische Ergänzung** der beiden Summanden $x^2 + 6x$ zum binomischen Term $(x + 3)^2$ durch.
  Der vollständige Term lautet $(x + 3)^2 = x^2 + 6x + 9$.
  $y = x^2 + 6x + \mathbf{9 - 9} + 7$
  $y = (x + 3)^2 - 9 + 7$
  $y = (x + 3)^2 - 2$
  Die Parabel $y = x^2 + 6x + 7$ besitzt den Scheitel $S(-3/-2)$.

Aufgaben
115. Bestimme jeweils den Scheitel der folgenden Parabeln.
 a) $y = x^2 + 2x - 2$ b) $y = x^2 - 4x + 3$
 c) $y = x^2 + 5x + 8{,}25$ d) $y = x^2 - x - 3{,}25$
 e) $y = x^2 - 7x + 13{,}25$ f) $y = x^2 + 4x$
116. Gib die Gleichungen von verschobenen Normalparabeln mit den folgenden Scheitelpunkten in der Form $y = x^2 + px + q$ an.
 a) $S(3/1)$ b) $S(-2/5)$ c) $S(2{,}5/-1{,}5)$
117. Bestimme die jeweils fehlende Koordinate so, daß der Punkt P zur Parabel $y = x^2 + 3x - 2$ gehört.
 a) $P(x/8)$ b) $P(3/y)$ c) $P(x/-4)$

Quadratische Funktionen

Schnittpunkte mit den Koordinatenachsen

Was Du wissen solltest

Gemeinsame Punkte einer Parabel mit der x-Achse werden als **Nullstellen** bezeichnet. An diesen Stellen ist der Funktionswert y = 0.
Der Funktionswert an der Stelle x = 0 bildet die y-Koordinate des Schnittpunktes einer Parabel mit der y-Achse.

Beispiel
- Es sind die Schnittpunkte der Parabel $y = x^2 + 4x + 3$ mit den Koordinatenachsen gesucht.

  Schnittpunkte mit der x-Achse - Nullstellen:
  Einsetzen der Bedingung y = 0 in die Funktionsgleichung:
  $0 = x^2 + 4x + 3$
  $x_{1/2} = -2 \pm 1 \quad \Rightarrow \quad x_1 = -1$ und $x_2 = -3$
  Die Parabel besitzt die zwei Nullstellen $N_1(-3/0)$ und $N_2(-1/0)$.
  Schnittpunkt mit der y-Achse:
  Einsetzen der Bedingung x = 0 in die Funktionsgleichung:
  $y = 0^2 + 4 \cdot 0 + 3 \quad \Rightarrow \quad y = 3$
  Die Parabel schneidet die y-Achse bei S(0/3).

Aufgaben

118. Bestimme die Schnittpunkte der folgenden Parabeln mit den Koordinatenachsen.
   a) $y = x^2 - 4x + 3$ b) $y = x^2 - 2x$
   c) $y = x^2 + 6x + 5$ d) $y = x^2 + 8x + 16$

119. Für welche Werte der Formvariablen k besitzt die Parabel $y = x^2 + 2kx + 4$ genau eine Nullstelle?

120. Für welche Werte der Formvariablen q besitzt die Parabel $y = x^2 - 6x + q$ keine, genau eine oder zwei Nullstellen?

121. Weshalb besitzt die Parabel $y = x^2 + px + q$ stets genau einen Schnittpunkt mit der y-Achse?

Quadratische Funktionen

Aufstellen von Parabelgleichungen

Was Du wissen solltest
Eine Parabel $y = x^2 + px + q$ ist durch zwei auf ihr liegende Punkte P und Q eindeutig bestimmt.
Sind die Koordinaten zwei solcher Parabelpunkte bekannt, können durch Einsetzen in die Parabelgleichung zwei lineare Gleichungen aufgestellt werden. Sie bilden ein Gleichungssystem, welches mit Hilfe bekannter Verfahren gelöst wird.

Beispiel
- Es ist die Gleichung einer verschobenen Normalparabel gesucht, welche die Punkte P(–1/–2) und Q(2/7) enthält.
  Eine verschobene Normalparabel besitzt die Gleichung $y = x^2 + px + q$.
  Einsetzen der Koordinaten von P und Q in die Parabelgleichung:
  $$-2 = (-1)^2 + p \cdot (-1) + q$$
  $$7 = 2^2 + p \cdot 2 + q$$
  Lösen des Gleichungssystems nach dem Additionsverfahren:
  $$-2 = 1 - p + q \quad | \cdot (-1)$$
  $$\underline{7 = 4 + 2p + q}$$
  $$2 = -1 + p - q$$
  $$\underline{7 = 4 + 2p + q}$$
  $$9 = 3 + 3p \quad \Leftrightarrow \quad 6 = 3p \quad \Rightarrow \quad p = 2$$
  Einsetzen von $p = 2$ in eine der beiden Gleichungen:
  $$7 = 4 + 2 \cdot 2 + q \quad \Leftrightarrow \quad 7 = 8 + q \quad \Rightarrow \quad q = -1$$
  Die gesuchte Parabelgleichung lautet $y = x^2 + 2x - 1$.

Aufgaben

122. Eine verschobene Normalparabel enthält die Punkte P und Q.
     Bestimme jeweils ihre Gleichung.
     a) P(2/4); Q(–1/–2)
     b) P(1/2); Q(–2/–4)
     c) P(–3/18); Q(–1/6)
     d) P(–2/7); Q(1/1)

Quadratische Funktionen

DIE FUNKTION $y = ax^2$

Was Du wissen solltest

Die Parabel $y = ax^2$ entsteht aus der Parabel $y = x^2$ bei $a > 1$ durch Streckung und bei $0 < a < 1$ durch Pressung mit dem Faktor a in y-Richtung. Bei $a < 0$ kommt Spiegelung an der x-Achse hinzu.
Der Scheitel der Parabel $y = ax^2$ ist S(0/0).

Beispiel
- Es ist die Gleichung einer Parabel mit dem Scheitel im Ursprung gesucht, welche den Punkt P(3/6) enthält.

Einsetzen der Koordinaten von P(3/6) in die Parabelgleichung $y = ax^2$:

$6 = a \cdot 3^2 \Leftrightarrow 6 = 9a \Rightarrow a = \dfrac{2}{3}$

Die gesuchte Parabelgleichung lautet $y = \dfrac{2}{3}x^2$

Aufgaben

123. Bestimme die Gleichung einer Parabel mit dem Scheitel im Ursprung, welche jeweils den Punkt P enthält.
    a) P(2/3) b) P(−2/−3) c) P(1/0,5)

124. Bestimme die jeweils fehlenden Koordinaten so, daß der Punkt P zur Parabel $y = 2x^2$ gehört.
    a) P(x/4,5) b) P(x/8) c) P(−3/y)

125. Welche der folgenden Punkte gehören jeweils zur Parabel $y = -\dfrac{1}{3}x^2$?
    a) P(3/3) b) $Q(-\dfrac{3}{2} / \dfrac{3}{4})$ c) $R(-\dfrac{1}{2} / -\dfrac{1}{12})$

47

Quadratische Funktionen

DIE FUNKTION $y = ax^2 + bx + c$

Scheitelpunktbestimmung

Was Du wissen solltest
Nach Umformen der Funktionsgleichung $y = ax^2 + bx + c$ in **Scheitelpunktform** $y = a(x + d)^2 + c$ kann der Scheitel mit S($-$d/c) abgelesen werden.
Die Parabel $y = a(x + d)^2 + c$ entsteht aus der Parabel $y = ax^2$ (Seite 47) durch Verschiebung um $-$d Einheiten in x-Richtung und um c Einheiten in y-Richtung.

Beispiel
- Es ist das Schaubild der Parabel
  $y = -0{,}5x^2 + 2x + 1$ zu zeichnen.
  Umformen in Scheitelpunktform:
  Hierzu klammern wir zunächst den Faktor $-0{,}5$ aus und führen dann die quadratische Ergänzung (Seite 44) durch.

  $y = -0{,}5x^2 - 2x + 1$
  $ = -0{,}5[x^2 + 4x - 2]$
  $ = -0{,}5[(x + 2)^2 - 6]$
  $y = -0{,}5(x + 2)^2 + 3$

Wir erkennen als Scheitel S($-$2/3).
Die Parabel $y = -0{,}5x^2$ ist eine mit dem Faktor 0,5 gepreßte und an der x-Achse gespiegelte Normalparabel. Sie wird um 2 Einheiten nach links und um 3 Einheiten nach oben verschoben.

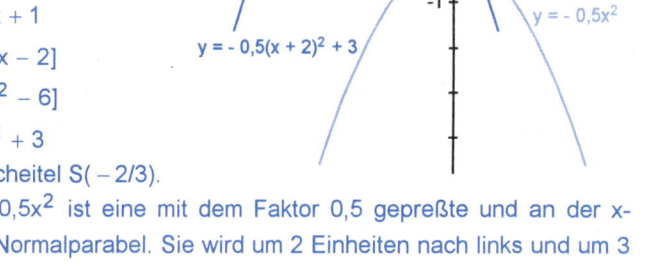

Aufgaben

126. Wandle in Scheitelpunktform um und gib jeweils den Scheitel an.
   a) $y = 3x^2 - 6x + 5$
   b) $y = -x^2 - x$
   c) $y = -\dfrac{1}{6}x^2 + \dfrac{1}{3}x - \dfrac{1}{2}$
   d) $y = \dfrac{3}{5}x^2 - \dfrac{4}{5}x + \dfrac{1}{15}$

Quadratische Funktionen

127. Bestimme jeweils die Gleichung einer Parabel $y = ax^2 + bx + c$, wenn der Scheitel S und ein weiterer Parabelpunkt P bekannt sind.
   a) S(2/3); P(0/1)   b) S(1/−1); P(2/3)
128. Gib die Funktionsgleichung einer mit dem Faktor k gestreckten und anschließend verschobenen Normalparabel mit dem Scheitel S an.
   a) k = 2; S(−3/1)   b) k = −3; S(4/2)

Schnittpunkte zweier Parabeln

Was Du wissen solltest
Falls zwei Parabeln gemeinsame Punkte besitzen, können deren Koordinaten durch Gleichsetzen beider Parabelgleichungen bestimmt werden.

Beispiel
- Es sind die Schnittpunkte der Parabeln $y = -x^2 - 4x + 1$ und $y = x^2 + 2x + 1$ gesucht.
  Gleichsetzen beider Funktionsgleichungen:
  $-x^2 - 4x + 1 = x^2 + 2x + 1$
  $-2x^2 - 6x = 0$
  $x(x + 3) = 0$
  $x_1 = -3 \quad \Rightarrow \quad y_1 = 1^2 + 2 \cdot 1 + 1 = 4$
  $x_2 = 0 \quad \Rightarrow \quad y_2 = 0^2 + 2 \cdot 0 + 1 = 1$
  Die Parabeln besitzen die beiden Schnittpunkte $S_1(-3/4)$ und $S_2(0/1)$.

Aufgaben
129. Bestimme jeweils die Schnittpunkte der beiden Parabeln.
   a) $y = x^2 - 3x + 5$ und $y = x^2 + x + 1$
   b) $y = (x + 1)^2 + 3$ und $y = (x - 3)^2 - 5$
   c) $y = -x^2 + 4x + 4$ und $y = 0{,}5x^2 - 0{,}5x - 2$
   d) $y = -\frac{1}{3}(x - 3)^2 - 1$ und $y = -x^2 + 6x - 4$

Quadratische Funktionen

VERMISCHTE AUFGABEN

130. Gib von folgenden Parabeln jeweils die Funktionsgleichung an.

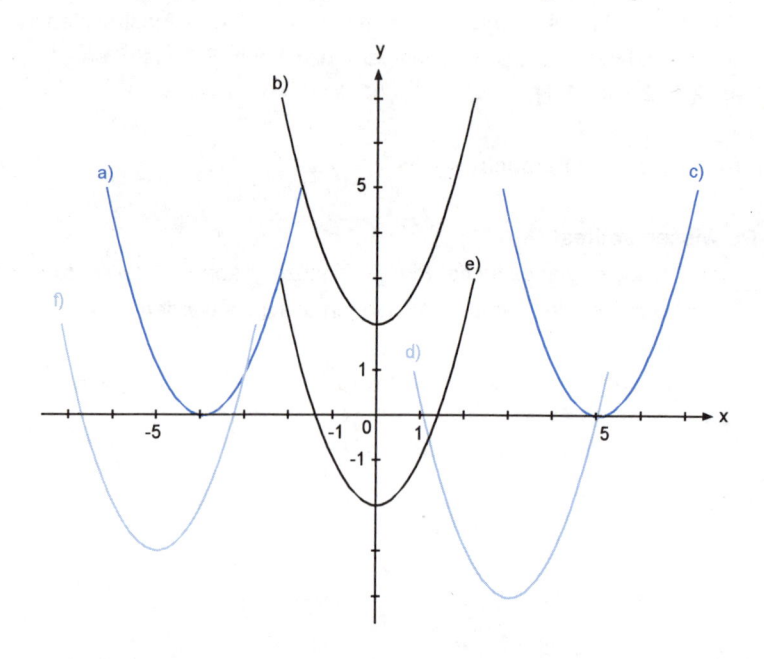

131. Wie lautet die Gleichung einer Parabel, deren Schaubild aus der Normalparabel durch folgende Vorschrift hervorgeht?
    a) Verschiebung um 3 nach oben.
    b) Verschiebung um 2 nach links.
    c) Verschiebung um vier nach unten und um 3 nach rechts.
    d) Verschiebung um 1 nach oben und um 5 nach links.
    e) Streckung mit Faktor 3.
    f) Streckung mit Faktor 0,5 und Spiegelung an der x-Achse.
    g) Streckung mit Faktor 1,5, Verschiebung um 1 nach rechts und Verschiebung um 2 nach unten.

Quadratische Funktionen

132. Bestimme c so, daß die Parabel $y = x^2 + c$ den Punkt P enthält.
   a) P(−2/2)   b) P(1/1)
133. Bestimme d so, daß die Parabel $y = (x + d)^2$ den Punkt P enthält.
   a) P(2/1)   b) P(−3/4)
134. Forme jeweils in Scheitelpunktform um und gib den Scheitel an.
   a) $y = x^2 - 2x + 2$ b) $y = x^2 + 2x + 3$
   c) $y = x^2 - 0{,}8x + 0{,}36$ d) $y = x^2 - x$
135. Forme jeweils in Scheitelpunktform um und gib den Scheitel an.
   a) $y = \frac{3}{8}x^2 + \frac{3}{10}x + \frac{1}{2}$ b) $y = -\frac{1}{3}x^2 + \frac{2}{9}x$
136. Bestimme die jeweils fehlenden Koordinaten so, daß der Punkt P zur Parabel gehört.
   a) $y = x^2 + 2x - 3$, P(2/y)
   b) $y = 2x^2 - 4x - 2$, P(x/4)
   c) $y = -3x^2 + 5x + 1$, P(x/−1)
137. Bestimme die Schnittpunkte der folgenden Parabeln mit den Koordinatenachsen.
   a) $y = x^2 + 2x - 8$ b) $y = x^2 + 5x - 6$
138. Für welche Werte der Formvariablen besitzen die folgenden Parabeln genau eine Nullstelle?
   a) $y = x^2 - 6ax + 9$ b) $y = x^2 + 8x + q$
139. Bestimme die Gleichung einer Parabel $y = x^2 + px + q$, welche die Punkte P und Q enthält.
   a) P(2/5); Q(−1/−1)   b) P(−2/3); Q(3/−2)
140. Bestimme die Gleichung einer Parabel $y = ax^2 + bx + c$, welche die Punkte A, B und C enthält.
   a) A(0/2); B(2/2); C(6/14)   b) A(−1/−7); B(1/3); C(2/−1)
141. Bestimme die Schnittpunkte der beiden Parabeln.
   a) $y = x^2 - 4x + 4$ und $y = -x^2 + 6x - 4$
   b) $y = x^2 - 2$ und $y = -x^2 - 2x + 2$

Potenzen

DIE POTENZ

Was Du wissen solltest
Ein Produkt aus gleichen Faktoren kann kürzer als **Potenz** geschrieben werden:
$$a \cdot a \cdot a \cdot \ldots \cdot a = a^n.$$
Dabei heißt a **Grundzahl** oder **Basis** und n **Hochzahl** oder **Exponent**.
Die Hochzahl gibt an, wie oft die Grundzahl mit sich selbst multipliziert wird.

Beispiele
- Das Produkt $4 \cdot 4 \cdot 4 \cdot 4 \cdot 4$ läßt sich kurz als Potenz 4^5 schreiben.
- Zum Berechnen der Potenz 2^6 schreiben wir diese als Produkt und rechnen:
  $2^6 = 2 \cdot 2 \cdot 2 \cdot 2 \cdot 2 \cdot 2 = 64$.

Es ist
$$1^n = 1, \quad n^1 = n \quad \text{und} \quad 0^n = 0.$$

Aufgaben

142. Schreibe die folgenden Produkte jeweils als Potenz.
    a) $3 \cdot 3 \cdot 3 \cdot 3 \cdot 3$ b) $5 \cdot 5 \cdot 5$
    c) $7 \cdot 7 \cdot 7 \cdot 7$ d) $12 \cdot 12$
    e) $x \cdot x \cdot x \cdot x \cdot x$ f) $a \cdot a \cdot a$
    g) $c \cdot c \cdot c \cdot c \cdot c \cdot c \cdot c$ h) $y \cdot y$

143. Schreibe die folgenden Potenzen als Produkt und berechne jeweils den Wert dieser Produkte.
    a) 3^4 b) 5^4
    c) 2^{10} d) 10^2
    e) 4^3 f) 7^3
    g) 6^4 h) 8^3

144. Gib die Werte der folgenden Potenzen an.
    a) 1^4 b) 4^1
    c) 0^3 d) 7^1
    e) 0^5 f) 1^8

Potenzen

POTENZGESETZE FÜR NATÜRLICHE HOCHZAHLEN

Was Du wissen solltest
Bei Potenzen mit natürlichen Hochzahlen kann die Grundzahl eine beliebige reelle Zahl sein.
Im Falle einer positiven Basis ist der Wert einer solchen Potenz ebenfalls positiv:
$$n \in \mathbb{N} \text{ und } a > 0 \Rightarrow a^n > 0.$$
Im Falle einer negativen Basis ist für geradzahlige Hochzahlen der Wert einer solchen Potenz positiv, für ungeradzahlige Hochzahlen ist der Wert einer solchen Potenz negativ:
$$(-a)^{2n} = a^{2n},$$
$$(-a)^{2n+1} = -a^{2n+1}.$$

Beispiele
- $2^4 = 16$
- $(-2)^4 = 2^4 = 16$
- $5^3 = 125$
- $(-5)^3 = -5^3 = -125$

Aufgaben

145. Gib die Werte der folgenden Potenzen an.
    a) $(-3)^4$ b) $(-3)^5$
    c) 2^5 d) $(-2)^5$
    e) 10^4 f) $(-10)^4$
    g) $(-0{,}2)^5$ h) $0{,}5^3$
    i) $(-1{,}5)^3$ k) $(-0{,}1)^4$

146. Schreibe die folgenden Potenzen ohne Klammer mit dem jeweils richtigen Vorzeichen auf.
    a) $(-7)^{23}$ b) $(-7)^{18}$
    c) $(-12)^{32}$ d) $(-12)^{27}$
    e) $(-3)^{15}$ f) $(-3)^{20}$

Potenzen

Was Du wissen solltest

Beim Rechnen für Potenzen mit gleichen Grundzahlen gilt:

Das 1. Potenzgesetz

Potenzen mit gleichen Grundzahlen werden multipliziert, indem man die Hochzahlen addiert und die Grundzahlen beibehält.
$$a^n \cdot a^m = a^{n+m}$$

Das 2. Potenzgesetz

Potenzen mit gleichen Grundzahlen werden dividiert, indem man die Hochzahlen subtrahiert und die Grundzahlen beibehält.

$$\frac{a^n}{a^m} = \begin{cases} a^{n-m} & \text{für } n > m \\ \dfrac{1}{a^{m-n}} & \text{für } m > n \end{cases}, a \neq 0$$

Beispiele

- $x^3 \cdot x^5 = x^{3+5} = x^8$
- $3^{2n+5} \cdot 3^{n-2} = 3^{2n+5+n-2} = 3^{3n+3}$
- $\dfrac{5^{3x}}{5^x} = 5^{3x-x} = 5^{2x}$
- $\dfrac{x^n}{x^{n+4}} = \dfrac{1}{x^{n+4-n}} = \dfrac{1}{x^4}$

Aufgaben

147. Vereinfache die folgenden Potenzen.

a) $a^3 \cdot a^5$ b) $y \cdot y^6$ c) $x^2 \cdot x \cdot x^4$

d) $2^{3x} \cdot 2^x$ e) $5^3 \cdot 5^{n+4}$ f) $7^{4a-3} \cdot 7^{a+5}$

g) $4x^3 \cdot 3x \cdot 2x^4$ h) $7a^2 \cdot 4a^3 \cdot a$ i) $3x^{n+2} \cdot x^n \cdot 2x^{3n}$

k) $\dfrac{x^7}{x^3}$ l) $\dfrac{a^3}{a^5}$ m) $\dfrac{12u^{12}}{6u^6}$

n) $\dfrac{8x^2}{2x^8}$ o) $\dfrac{2^{3x+2}}{2^{x+1}}$ p) $\dfrac{5^{n+2}}{5^{2n+4}}$

Potenzen

Was Du wissen solltest
Beim Rechnen für Potenzen mit gleichen Hochzahlen gilt:

Das 3. Potenzgesetz
Potenzen mit gleichen Hochzahlen werden multipliziert, indem man die Grundzahlen multipliziert und die Hochzahlen beibehält.
$$a^n \cdot b^n = (a \cdot b)^n$$

Das 4. Potenzgesetz
Potenzen mit gleichen Hochzahlen werden dividiert, indem man die Grundzahlen dividiert und die Hochzahlen beibehält.
$$\frac{a^n}{b^n} = \left(\frac{a}{b}\right)^n, \ b \neq 0$$

Beispiele
- $3^x \cdot 5^x = (3 \cdot 5)^x = 15^x$
- $(4a)^2 = 4^2 \cdot a^2 = 16a^2$
- $\frac{(10x^2)^4}{(5x)^4} = \left(\frac{10x^2}{5x}\right)^4 = (2x)^4$
- $\left(\frac{2x}{3}\right)^2 = \frac{2^2 \cdot x^2}{3^2} = \frac{4x^2}{9}$

Aufgaben

148. Vereinfache die folgenden Potenzen.

a) $7^5 \cdot 3^5$
b) $2^8 \cdot 5^8$
c) $(2x)^3 \cdot (9y)^3$
d) $(0{,}5a)^6 \cdot (4b)^6$
e) $(7ab)^{2x} \cdot (3c)^{2x}$
f) $(3m)^{x+1} \cdot (0{,}2n)^{x+1}$
g) $a^3 \cdot (2b)^3 \cdot (7c)^3$
h) $12^x \cdot 3^x \cdot 0{,}2^x$
i) $(2x)^{3u} \cdot (4y)^{3u} \cdot z^{3u}$
k) $\frac{48^5}{8^5}$
l) $\frac{9^7}{63^7}$
m) $\frac{3^8 \cdot 6^8}{48^8}$
n) $\frac{(10x)^7 \cdot (5y)^7}{(50xy)^7}$
o) $\left(\frac{3}{8}\right)^{2n} \cdot \left(\frac{16}{9}\right)^{2n}$
p) $\left(\frac{4x}{y}\right)^a \cdot \left(\frac{y}{2x}\right)^a$

Potenzen

149. Löse die Klammern auf.

a) $(4x)^2$ b) $(2a)^4$ c) $(-5m)^3$

d) $(-6y)^2$ e) $(3x \cdot 2y)^3$ f) $(4abc)^2$

g) $\left(\dfrac{x}{2}\right)^2$ h) $\left(\dfrac{5a}{3}\right)^3$ i) $\left(\dfrac{-2a}{3b}\right)^4$

k) $\left(\dfrac{m}{-2n}\right)^5$ l) $\left(\dfrac{2}{3}x\right)^3$ m) $\left(-\dfrac{1}{2}ab\right)^4$

Was Du wissen solltest
Für das Potenzieren einer Potenz gilt:

Das 5. Potenzgesetz
Eine Potenz wird potenziert, indem man die Hochzahlen multipliziert und die Grundzahl beibehält.

$$(a^m)^n = a^{m \cdot n}$$

Beispiele

- $(x^2)^3 = x^{2 \cdot 3} = x^6$

- $\left(a^2\right)^{n+3} = a^{2 \cdot (n+3)} = a^{2n+6}$

In der gleichen Aufgabe können auch mehrere Potenzgesetze angewendet werden.

Beispiele

Es sind die Klammern aufzulösen und das Ergebnis in möglichst einfacher Form anzugeben:

- $\left(2a^3 \cdot x \cdot 5y^4\right)^3 = (2a^3)^3 \cdot x^3 \cdot (5y^4)^3 = 8 \cdot a^9 \cdot x^3 \cdot 125 \cdot y^{12} = 1000a^9x^3y^{12}$

- $\left(\dfrac{2x^2}{3y^3}\right)^2 = \dfrac{\left(2x^2\right)^2}{\left(3y^3\right)^2} = \dfrac{2^2 \cdot x^4}{3^2 \cdot y^6} = \dfrac{4x^4}{9y^6}$

Potenzen

Aufgaben

150. Löse die Klammern auf und gib die Ergebnisse in möglichst einfacher Form an.

a) $(2x^3 \cdot 3y^2 \cdot z^5)^2$ b) $(a^3 \cdot 5b \cdot c^2)^4$ c) $(4u \cdot 0{,}5v^3 \cdot w^2)^5$

d) $(-6b^2 \cdot c^4)^3$ e) $(-2a^4 \cdot 3b^2 \cdot c)^4$ f) $(xy^2z \cdot u^2v)^6$

g) $(2xy^2)^3 \cdot (x^2y)^4$ h) $(3a^3b^2)^2 \cdot (2ab^3)^3$ i) $(-2u^2)^3 \cdot (-3u^3)^3$

k) $\left(\dfrac{3a^3b}{5c}\right)^2$ l) $\left(\dfrac{xy^2}{3v^4}\right)^4$ m) $\left(\dfrac{1}{4a^2b^3}\right)^3$

n) $\left(-\dfrac{7s^3t^2}{9w}\right)^2$ o) $\left(\dfrac{1}{-2a^3bc^2}\right)^5$ p) $\left(\dfrac{3x^2y}{8z^4}\right)^3$

151. Gib die folgenden Terme in möglichst einfacher Form an.

a) $ab \cdot a^2b$ b) $mn^2 \cdot m^2n \cdot mn$

c) $xy^3 \cdot x^2y^2 \cdot x^3y \cdot x^4y^4$ d) $5rs \cdot 6r^2s \cdot 3rs^2$

e) $2x \cdot 4y \cdot 5x^2y^3 \cdot 3x^3y^2$ f) $0{,}6a^2b^3 \cdot 0{,}3a^4b^5 \cdot 0{,}7a^2b$

g) $\dfrac{3}{4}m^3n^2 \cdot \dfrac{4}{5}m^4n^3$ h) $\dfrac{2}{3}a^2b^3 \cdot \dfrac{4}{9}a^3b^4 \cdot \dfrac{3}{4}a^4b^2$

i) $\dfrac{2}{5}a^3bc \cdot \dfrac{3}{10}ab^2c^3 \cdot \dfrac{1}{2}a^4b^2c$ k) $\dfrac{3}{4}x^3y^2z^4 \cdot \dfrac{4}{5}x^4y^3z^2 \cdot \dfrac{5}{12}x^3y^4z$

152. Gib die folgenden Terme in möglichst einfacher Form an.

a) $\dfrac{32x^5y^3z^7}{24x^3y^4z^4}$ b) $\dfrac{432r^4s^2t^5}{336r^5s^3t^2}$

c) $\dfrac{68x^4y^6z^7}{51x^3y^3z^2}$ d) $\dfrac{a^2b^3 \cdot ab^5 \cdot a^5b}{a^2b^2 \cdot a^3b^8}$

e) $\dfrac{a^2b^4 \cdot ab^5 \cdot a^5b^3}{a^3b^4 \cdot ab^2 \cdot ab^7}$ f) $\dfrac{7x^2y \cdot 4x^2y^3 \cdot 3xy^2}{28x^2y^7}$

153. Gib die folgenden Terme in möglichst einfacher Form an.

a) $\left(\dfrac{a}{b}\right)^4 \cdot \left(\dfrac{b}{c}\right)^5 \cdot \left(\dfrac{c}{a}\right)^3$ b) $\left(\dfrac{3a}{5b}\right)^4 \cdot \left(\dfrac{3b}{4c}\right)^5 \cdot \left(\dfrac{8c}{3a}\right)^3$

c) $\left(\dfrac{1}{a}\right)^3 \cdot (ab)^2 \cdot \left(\dfrac{1}{b}\right)^3$ d) $\left(\dfrac{a}{b}\right)^4 \cdot (ab)^2 \cdot \left(\dfrac{b}{a}\right)^4$

Potenzen

RECHNEN MIT SUMMEN UND DIFFERENZEN

Was Du wissen solltest
In Summen (Differenzen) können Potenzen mit gleicher Grundzahl und gleicher Hochzahl zusammengefaßt werden, indem man die Vorzahlen addiert (subtrahiert).
Beispiel
- $7x^3 + 4ab^2 - 5x^3 + 3ab^2 = (7-5)x^3 + (4+3)ab^2 = 2x^3 + 7ab^2$

Klammern werden nach dem Distributivgesetz ausmultipliziert, indem man jeden Summanden in der Klammer mit dem Faktor vor der Klammer multipliziert.
Beispiel
- $4a^2(2a^2 - 5ab^2) = 4a^2 \cdot 2a^2 - 4a^2 \cdot 5ab^2 = 8a^4 - 20a^3b$

Umgekehrt können aus Summen und Differenzen gemeinsame Faktoren ausgeklammert werden.
Beispiel
- $8xy^3 - 12x^4y^2 + 28x^2y^4 = 4xy^2 \cdot 2y - 4xy^2 \cdot 3x^3 + 4xy^2 \cdot 7xy^2$
  $= 4xy^2(2y - 3x^3 + 7xy^2)$

Beim Quadrieren von Summen werden die binomischen Formeln angewendet.
Beispiel
- $(2x^2 - 5xy^3)^2 = (2x^2)^2 - 2 \cdot 2x^2 \cdot 5xy^3 + (5xy^3)^2 = 4x^4 - 20x^3y^3 + 25x^2y^6$

Aufgaben

154. Fasse, soweit möglich, zusammen.
   a) $3a^3 + 4a - 7a^2 + 5a^3 - 3a + 6a^3 - 4a + 3a^2 - 2a^2$
   b) $5m^2 - 6m^3 + 8m - 6m + 9m^3 - 6m^2 + 3m^2 + 2m^3 - 5m$
   c) $6a^2b + 3n^2x^2 - 3a^2b + 2n^2x^2 + 7a^2b - 5n^2x^2$
   d) $9a^2b^2c - 5a^2b^2c + 3a^2b^2c + a^3b^2 - 6a^2b^2c - a^2b^3 - a^2b^2c$
   e) $16x^5n^7 + 3x^4y + 6x^4y + 5x^5n^7 + 4x^4y - 21x^5n^7 - 8x^4y$

Potenzen

155. Löse jeweils die Klammern auf und fasse, soweit möglich, zusammen.
   a) $ab^2(a^3b - ab^2 + a^2b) + a^2b(a^2b^2 + b^3 - ab^2)$
   b) $ab(a^3b^3 + ab^3) - a^2b(b^3 - a^2b^2)$
   c) $5xy^3(xy^2 - x^2y) - 4xy(xy^4 - x^2y^3)$
   d) $c^2d^3(c^2d^4 + cd^5) - cd^2(c^3d^5 + c^2d^6)$
   e) $(b^4 - b^3) \cdot (b^6 - b^2)$
   f) $(a^5 + a^8) \cdot (a^3 + a^4)$
   g) $(a^4b - a^2b^5) \cdot (a^8b^3 - ab^5)$

156. Klammere den größtmöglichen gemeinsamen Faktor aus.
   a) $21a^3b^2 - 14a^2b^4 + 35a^2bc$
   b) $25x^3y^2z + 30x^2yz^3 - 20xy^3z^2$
   c) $12m^3n - 16mn^3 + 20m^2n^2 - 10mn$
   d) $18a^2bc^2 - 24ab^2c^3 + 12a^3b^3c^3 - 6abc^5$

157. Verwandle die folgenden binomischen Terme jeweils in eine Summe.
   a) $(2x^3 - y^2)^2$
   b) $(3a^2b + 2ab^2)^2$
   c) $(5m^2 - 4mn^3)^2$
   d) $(x^2 - y^3)(x^2 + y^3)$
   e) $(2a^2 + 3b^3)(2a^2 - 3b^3)$
   f) $(7x^2y + 5xy^3)^2$

158. Schreibe die folgenden Summen jeweils als binomischen Term.
   a) $4a^2 + 12ab + 9b^2$
   b) $25m^2 - 80mn + 64n^2$
   c) $49a^2 - 25b^2$
   d) $16x^4 - 9y^4$
   e) $9a^6 + 6a^4b + a^2b^2$
   f) $x^4y^2 - 2x^3y^3 + x^2y^4$

159. Verwandle Zähler und Nenner in eine Summe und kürze, soweit möglich.
   a) $\dfrac{x^9 + 2x^8 + x^7}{x^6 + x^5}$
   b) $\dfrac{b^5 + 2b^4 + b^3}{b^3 + b^2}$
   c) $\dfrac{4m^8 + 8m^7 + 4m^6}{4m^4 + 4m^3}$
   d) $\dfrac{7n^4 - 14n^6 + 7n^8}{n^2 - n^4}$
   e) $\dfrac{m^3n^2 - m^2n^3}{m^2 - n^2}$
   f) $\dfrac{15a^3b^2 - 15a^2b^3}{5a^3 - 10a^2b + 5ab^2}$

Potenzen

POTENZEN MIT NEGATIVEN HOCHZAHLEN

Was Du wissen solltest

Wird das 2. Potenzgesetz in der Form

$$\frac{a^n}{a^m} = a^{n-m}$$

ohne die Einschränkung n > m angewendet, können negative Hochzahlen oder die Zahl 0 als Hochzahl entstehen.

Für diesen Fall gilt:

$$a^{-n} = \frac{1}{a^n} \quad \text{und} \quad a^0 = 1 \quad (a \neq 0).$$

Beispiele

- So bedeutet $2^{-3} = \frac{1}{2^3} = \frac{1}{8}$.

- Umgekehrt kann der Term $\frac{1}{x^5}$ ohne Bruchstrich in der Form x^{-5} geschrieben werden.

- Jede Potenz, außer der Zahl 0, mit der Hochzahl 0 hat den Wert 1.
  $1^0 = 1;\ 0{,}000001^0 = 1;\ 1000000^0 = 1$.
  Für 0^0 existiert kein eindeutiger Wert.

Eine negative Hochzahl bedeutet somit kein negatives Ergebnis, sondern heißt, daß die Kehrzahl der Potenz gebildet werden muß.

Beispiele

- $\left(\frac{3}{4}\right)^{-3} = \left(\frac{4}{3}\right)^3 = \frac{4^3}{3^3} = \frac{64}{27}$

- $\left(\frac{3x}{2y}\right)^{-2} = \left(\frac{2y}{3x}\right)^2 = \frac{2^2 y^2}{3^2 x^2} = \frac{4y^2}{9x^2}$

- $\frac{1}{625} = \frac{1}{5^4} = 5^{-4}$

Potenzen

Aufgaben

160. Beseitige durch Umschreiben die negativen Hochzahlen und gib jeweils den Wert des Rechenausdruckes an.
 a) 2^{-5}
 b) 3^{-2}
 c) 10^{-4}
 d) 5^{-3}
 e) $\left(\dfrac{1}{7}\right)^{-2}$
 f) $\left(\dfrac{1}{2}\right)^{-4}$
 g) $\left(\dfrac{2}{5}\right)^{-3}$
 h) $\left(\dfrac{10}{3}\right)^{-5}$

161. Beseitige durch Umschreiben jeweils die negativen Hochzahlen.
 a) a^{-7}
 b) b^{-3}
 c) $3x^{-2}$
 d) $4a^{-6}$
 e) $7x^{-5}y^2$
 f) $2ab^{-4}c^2d^{-2}$
 g) $x^{-2}y^7z^{-3}$
 h) $4m^{-1}n^6o^{-2}p^4$

162. Schreibe jeweils ohne Bruchstrich als Potenz mit einer negativen Hochzahl.
 a) $\dfrac{1}{25}$
 b) $\dfrac{1}{1000}$
 c) $\dfrac{1}{7}$
 d) $\dfrac{1}{243}$
 e) $\dfrac{1}{a^5}$
 f) $\dfrac{1}{x^2y^3}$
 g) $\dfrac{1}{m^3no^5}$
 h) $\dfrac{1}{a^2b^3c}$

163. Beseitige durch Umschreiben jeweils die Bruchstriche.
 a) $\dfrac{3x}{y^2}$
 b) $\dfrac{5}{a^2b}$
 c) $\dfrac{5m^2}{n^4p^3}$
 d) $\dfrac{3u^5v^2}{w^3}$
 e) $\dfrac{5a^2bc}{de^2f}$
 f) $\dfrac{8xy^2}{u^2vw^3}$
 g) $\dfrac{ab^2}{3c^2de}$
 h) $\dfrac{x^2y}{ab^4c^2}$

Potenzen

Was Du wissen solltest

Die fünf Potenzgesetze (Seite 54 bis Seite 56) können auch für Potenzen mit beliebigen ganzen Hochzahlen angewendet werden.

Beispiele

- $x^4 \cdot x^{-5} = x^{4-5} = x^{-1} = \dfrac{1}{x}$

- $\dfrac{a^{-3}}{a^4} = a^{-3-4} = a^{-7} = \dfrac{1}{a^7}$

- $(2x)^{-3} \cdot \left(\dfrac{1}{x}\right)^{-3} = \left(2x \cdot \dfrac{1}{x}\right)^{-3} = \left(\dfrac{2x}{x}\right)^{-3} = 2^{-3} = \dfrac{1}{2^3} = \dfrac{1}{8}$

- $(6a^2)^{-2} : (3a)^{-2} = \left(\dfrac{6a^2}{3a}\right)^{-2} = (2a)^{-2} = \dfrac{1}{(2a)^2} = \dfrac{1}{4a^2}$

- $(4x^2 y^{-4})^{-3} = 4^{-3} x^{-6} y^{12} = \dfrac{y^{12}}{64 x^6}$

Aufgaben

164. Vereinfache durch Anwenden der Potenzgesetze.
Gib die Ergebnisse jeweils ohne negative Hochzahlen an.

a) $4xy^{-3} \cdot x^{-2} y$ b) $3a^2 b^{-3} \cdot a^{-4} b^2$

c) $2mn^{-5} \cdot 3m^{-7} n^{-2}$ d) $2a^{-1} b^3 \cdot 7a^{-3} b^4$

e) $\dfrac{36 a^2 b c^{-2}}{12 a b^{-3} c^{-1}}$ f) $\dfrac{18 u v^{-2} w}{6 u^3 v^{-3} w^{-3}}$

g) $\dfrac{4 x^3 y^{-6}}{2 x^{-2} y}$ h) $\dfrac{7 x^2 y z^{-2}}{14 x y^{-2} z^{-2}}$

i) $(4a^2)^{-4} \cdot \left(\dfrac{1}{2a}\right)^{-4}$ k) $(18 u v^3)^{-2} : (9 u^2 v^2)^{-2}$

l) $\left(\dfrac{4 x^2 y^{-2}}{3 a b^2}\right)^{-3} \cdot \left(\dfrac{9 a^2 b^{-2}}{8 x y^2}\right)^{-3}$ m) $\left(\dfrac{3 u v^2}{m^{-2} n}\right)^{-5} : \left(\dfrac{6 u^{-2}}{m^2 n^4}\right)^{-5}$

n) $(3 x^2 y^{-5})^4 \cdot (4 x^{-3} y^{-2})^{-3}$ o) $(ab^2 c)^3 : (2 a^2 b^{-2} c)^{-2}$

Potenzen

DER ALLGEMEINE WURZELBEGRIFF

Was Du wissen solltest
Die **n-te Wurzel** aus einer positiven Zahl a ist diejenige positive Zahl b, deren n-te Potenz a ist. Wir schreiben $\sqrt[n]{a} = b$ (lies: n-te Wurzel a).
$\sqrt[n]{a} = b$ bedeutet $a = b^n$
Die Zahl unter der Wurzel heißt **Radikand**, n heißt **Wurzelexponent**.

Die **3-te Wurzel** aus einer positiven Zahl a wird auch als **Kubikwurzel** bezeichnet.
$\sqrt[3]{a} = b$ bedeutet $a = b^3$

Beispiel
- $\sqrt[4]{625} = 5$, da $5^4 = 625$

Aufgaben

165. Bestimme die folgenden Wurzeln im Kopf und führe jeweils eine Probe durch.
   a) $\sqrt[3]{8}$ b) $\sqrt[4]{81}$
   c) $\sqrt[3]{64}$ d) $\sqrt[3]{0{,}125}$
   e) $\sqrt[4]{0{,}0001}$ f) $\sqrt[4]{0{,}0016}$
   g) $\sqrt[5]{243}$ h) $\sqrt[3]{216}$

166. Bestimme die folgenden Wurzeln mit dem Taschenrechner.
   Gib das Ergebnis jeweils gerundet auf zwei Dezimale an.
   a) $\sqrt[4]{20}$ b) $\sqrt[4]{0{,}005}$
   c) $\sqrt[3]{10}$ d) $\sqrt[5]{5}$
   e) $\sqrt[3]{0{,}075}$ f) $\sqrt[7]{142{,}8}$
   g) $\sqrt[6]{24{,}7}$ h) $\sqrt[5]{0{,}00075}$

167. Bestimme jeweils die Kantenlänge von Würfeln mit folgendem Rauminhalt. Runde das Ergebnis sinnvoll.
   a) 250 cm^3 b) $12{,}7 \text{ cm}^3$
   c) $0{,}8 \text{ cm}^3$ d) $10{,}5 \text{ cm}^3$

Potenzen

RECHNEN MIT WURZELN

Was Du wissen solltest
Für das Rechnen mit Wurzeln gelten die folgenden Regeln:

Die n-te Wurzel aus einem Produkt (Quotienten) ist gleich dem Produkt (Quotienten) der n-ten Wurzeln aus beiden Faktoren (aus Dividend und Divisor).

$$\sqrt[n]{a \cdot b} = \sqrt[n]{a} \cdot \sqrt[n]{b} \quad a \geq 0, b \geq 0$$

$$\sqrt[n]{\frac{a}{b}} = \frac{\sqrt[n]{a}}{\sqrt[n]{b}} \quad a \geq 0, b > 0$$

Beispiele
- $\sqrt[3]{8 \cdot 27} = \sqrt[3]{8} \cdot \sqrt[3]{27} = 2 \cdot 3 = 6$
- $\sqrt[5]{\frac{32}{100000}} = \frac{\sqrt[5]{32}}{\sqrt[5]{100000}} = \frac{2}{10} = \frac{1}{5}$

Das Anwenden der Gesetze in umgekehrter Richtung bringt oft Rechenvorteile:

Beispiele
- Zum Berechnen von $\sqrt[4]{5} \cdot \sqrt[4]{125}$ ist es sinnvoll, beide Faktoren unter eine Wurzel zu schreiben und die 4-te Wurzel aus dem Produkt zu ziehen:
$\sqrt[4]{5} \cdot \sqrt[4]{125} = \sqrt[4]{5 \cdot 125} = \sqrt[4]{625} = 5.$
- Zum Berechnen von $\sqrt[5]{64} : \sqrt[5]{2}$ ist es sinnvoll, beide Faktoren unter eine Wurzel zu schreiben und die 4-te Wurzel aus dem Quotienten zu ziehen:
$\sqrt[5]{64} : \sqrt[5]{2} = \sqrt[5]{64 : 2} = \sqrt[5]{32} = 2$

Die n-te Wurzel aus der m-ten Wurzel einer positiven Zahl ist gleich der $n \cdot m$-ten Wurzel aus dieser Zahl.

$$\sqrt[n]{\sqrt[m]{a}} = \sqrt[n \cdot m]{a}$$

Beispiel
- $\sqrt[4]{\sqrt[3]{4096}} = \sqrt[4 \cdot 3]{4096} = \sqrt[12]{4096} = 2$

Potenzen

Die Addition (Subtraktion) von Wurzeln kann nur bei gleichen Radikanden und gleichen Wurzelexponenten durchgeführt werden. Sie erfolgt nach dem Distributivgesetz.

$$a\sqrt[n]{c} + b\sqrt[n]{c} = (a+b)\sqrt[n]{c} \quad \text{und} \quad a\sqrt[n]{c} - b\sqrt[n]{c} = (a-b)\sqrt[n]{c}$$

Beispiele
- $12\sqrt[3]{5} + 17\sqrt[3]{5} = (12+17)\sqrt[3]{5} = 29 \cdot \sqrt[3]{5}$
- $7\sqrt[5]{2} - 6\sqrt[5]{2} = (7-6)\sqrt[5]{2} = \sqrt[5]{2}$

Aufgaben

168. Berechne im Kopf durch Anwenden eines Wurzelgesetzes.
   a) $\sqrt[3]{8 \cdot 27}$
   b) $\sqrt[4]{256 \cdot 625}$
   c) $\sqrt[5]{243 \cdot 32}$
   d) $\sqrt[3]{1000 \cdot 125}$
   e) $\sqrt[4]{\dfrac{1}{16}}$
   f) $\sqrt[4]{\dfrac{81}{10000}}$
   g) $\sqrt[5]{\dfrac{1}{100000}}$
   h) $\sqrt[3]{\dfrac{125}{216}}$

169. Schreibe unter eine Wurzel und gib den Wert an.
   a) $\sqrt[3]{2} \cdot \sqrt[3]{4}$
   b) $\sqrt[4]{9} \cdot \sqrt[4]{9}$
   c) $\sqrt[3]{25} \cdot \sqrt[3]{5}$
   d) $\sqrt[5]{24} \cdot \sqrt[5]{\dfrac{4}{3}}$
   e) $\sqrt[3]{250} \cdot \sqrt[3]{4}$
   f) $\sqrt[4]{80} : \sqrt[4]{5}$
   g) $\sqrt[4]{1250} : \sqrt[4]{2}$
   h) $\sqrt[4]{8} : \sqrt[4]{\dfrac{1}{2}}$
   i) $\sqrt[4]{27} : \sqrt[4]{\dfrac{1}{3}}$
   k) $\sqrt[3]{96} : \sqrt[3]{\dfrac{3}{2}}$

170. Schreibe unter eine Wurzel.
   a) $\sqrt[5]{\sqrt[4]{3}}$
   b) $\sqrt[6]{\sqrt[3]{a}}$
   c) $\sqrt[7]{\sqrt[7]{7}}$
   d) $\sqrt[3]{\sqrt{x}}$
   e) $\sqrt{\sqrt[4]{4m}}$
   f) $\sqrt{\sqrt{3}}$
   g) $\sqrt[m]{\sqrt{a}}$
   h) $\sqrt{\sqrt[n]{2}}$

Potenzen

171. Fasse, soweit möglich, zusammen.
   a) $3\sqrt[3]{4} + \sqrt[3]{5} - \sqrt[3]{4} - 4\sqrt[3]{5}$
   b) $\sqrt[4]{7} - \sqrt[5]{7} + 5\sqrt[4]{7} + 3\sqrt[5]{7} - 3\sqrt[4]{7}$
   c) $12\sqrt[4]{3} - \sqrt[3]{4} - 10\sqrt[4]{3} - 10\sqrt[3]{4} + 5\sqrt[3]{4} + 7\sqrt[4]{3}$
   d) $2\sqrt[7]{5} + \sqrt{5} - 3\sqrt{5} + 3\sqrt[7]{5} - \sqrt[3]{5} - 3\sqrt{5} + 7\sqrt[3]{5}$
   e) $\sqrt{6} + \sqrt[6]{2} - \sqrt[6]{3} + 4\sqrt{6} - 8\sqrt[6]{3} + 10\sqrt[6]{2} - 9\sqrt{6}$
   f) $\sqrt[3]{x} - 7\sqrt[3]{y} + 8\sqrt[3]{x} + 5\sqrt[3]{y} - 13\sqrt[3]{x}$
   g) $4\sqrt{a} - 5\sqrt[5]{a} + \sqrt[5]{a} - 7\sqrt{a} - \sqrt[5]{a} + 10\sqrt{a}$
   h) $3\sqrt[n]{3} - \sqrt[m]{3} + 9\sqrt[n]{3} + \sqrt[n]{3} - 4\sqrt[m]{3} + 2\sqrt[n]{3}$

Was Du wissen solltest

Wenn der Radikand einen Faktor enthält, dessen Hochzahl gleich oder größer als der Wurzelexponent ist, so kann dieser durch **teilweises Wurzelziehen** vor die Wurzel geschrieben werden.

Umgekehrt kann ein Faktor vor einer Wurzel als Potenz mit dem Wurzelexponenten als Hochzahl in die Wurzel geschrieben werden.

$$\sqrt[n]{a^n \cdot b} = a \cdot \sqrt[n]{b} \,, \quad a, b \geq 0$$

Beispiele

- $\sqrt[3]{x^5} = \sqrt[3]{x^3 \cdot x^2} = x \cdot \sqrt[3]{x^2}$
- $\sqrt[4]{48} = \sqrt[4]{16 \cdot 3} = 2 \cdot \sqrt[4]{3}$
- $\sqrt[5]{a^6 b^{12}} = \sqrt[5]{a^5 \cdot a \cdot b^5 \cdot b^5 \cdot b^2} = ab^2 \cdot \sqrt[5]{ab^2}$

Aufgaben

172. Versuche, im Radikanden einen geeigneten Faktor abzuspalten, und vereinfache durch teilweises Wurzelziehen.
   a) $\sqrt[3]{24}$ b) $\sqrt[3]{375}$
   c) $\sqrt[4]{162}$ d) $\sqrt[3]{128}$
   e) $\sqrt[4]{50000}$ f) $\sqrt[3]{3000}$

Potenzen

173. Versuche, im Radikanden einen geeigneten Faktor abzuspalten, und vereinfache durch teilweises Wurzelziehen.
Alle Variablen sollen positiv sein.

a) $\sqrt[4]{3a^7}$ b) $\sqrt[3]{24x^4}$
c) $\sqrt[5]{2a^6b^8}$ d) $\sqrt[3]{54m^3n^4}$
e) $\sqrt[4]{xy^5z^7}$ f) $\sqrt[5]{5a^{12}b^4}$
g) $\sqrt[3]{x^7y^4z^8}$ h) $\sqrt[4]{n^{24}}$
i) $\sqrt[5]{a^{15}}$ k) $\sqrt[4]{x^{20}}$

174. Bringe den Faktor jeweils unter die Wurzel.

a) $2 \cdot \sqrt[3]{a}$ b) $3 \cdot \sqrt[4]{x}$
c) $a \cdot \sqrt[5]{a}$ d) $x \cdot \sqrt[4]{x^2}$
e) $2n \cdot \sqrt[5]{3n^3}$ f) $3x^2 \cdot \sqrt[3]{2x}$

Was Du wissen solltest

Bruchterme mit Wurzeln im Nenner werden durch **Rationalmachen des Nenners** in Bruchterme umgeformt, deren Nenner wurzelfrei (rational) sind.

Beispiel

- Der Nenner des Bruches $\dfrac{1}{\sqrt[3]{5}}$ soll rational gemacht werden.

Erweitern mit $\sqrt[3]{5^2}$ beseitigt die Wurzel im Nenner.

$$\frac{1}{\sqrt[3]{5}} = \frac{1 \cdot \sqrt[3]{5^2}}{\sqrt[3]{5} \cdot \sqrt[3]{5^2}} = \frac{\sqrt[3]{25}}{\sqrt[3]{5 \cdot 5^2}} = \frac{\sqrt[3]{25}}{\sqrt[3]{5^3}} = \frac{\sqrt[3]{25}}{5}$$

Aufgaben

175. Mache die folgenden Nenner rational.

a) $\dfrac{1}{\sqrt[5]{4}}$ b) $\dfrac{1}{\sqrt[4]{3}}$ c) $\dfrac{2}{\sqrt[5]{a}}$

d) $\dfrac{x}{\sqrt[3]{x}}$ e) $\dfrac{3}{\sqrt[5]{n^3}}$ f) $\dfrac{2}{\sqrt[7]{a^4}}$

Potenzen

WURZELN ALS POTENZEN MIT GEBROCHENEN HOCHZAHLEN

Was Du wissen solltest

Die n-te Wurzel aus einer positiven Zahl a kann ohne Wurzelzeichen als Potenz mit der Hochzahl $\frac{1}{n}$ geschrieben werden.

$$\sqrt[n]{a} = a^{\frac{1}{n}}$$

Beispiele

- Die $\sqrt[4]{x}$ kann ohne Wurzelzeichen dargestellt werden als $x^{\frac{1}{4}}$.
- Umgekehrt bedeutet $32^{\frac{1}{5}}$ die $\sqrt[5]{32}$, also die Zahl 2.

Aufgaben

176. Schreibe die folgenden Potenzen jeweils mit Wurzelzeichen und gib die Werte an.

   a) $81^{\frac{1}{2}}$ b) $1024^{\frac{1}{10}}$

   c) $0{,}001^{\frac{1}{3}}$ d) $0{,}0625^{\frac{1}{4}}$

   e) $\left(\frac{1}{27}\right)^{\frac{1}{3}}$ f) $\left(\frac{1}{10000}\right)^{\frac{1}{4}}$

   g) $\left(\frac{243}{1024}\right)^{\frac{1}{5}}$ h) $\left(\frac{125}{216}\right)^{\frac{1}{3}}$

177. Schreibe die folgenden Wurzeln jeweils als Potenz mit einer gebrochenen Hochzahl.

   a) $\sqrt[7]{a}$ b) $\sqrt[5]{m}$

   c) $\sqrt[n]{3}$ d) $\sqrt[x]{25}$

   e) $\sqrt[x]{y}$ f) $\sqrt[a]{b}$

   g) $\sqrt[4]{\frac{1}{n}}$ h) $\sqrt[k]{\frac{3}{4}}$

Potenzen

Was Du wissen solltest
Für beliebige Wurzeln ist

$$\sqrt[n]{a^m} = a^{\frac{m}{n}}.$$

Beispiel

- $\sqrt[3]{x^4} = x^{\frac{4}{3}}$

Durch Umschreiben von Wurzeln als Potenzen mit gebrochenen Exponenten können Produkte und Quotienten von Wurzeln mit gleichen Radikanden unter eine Wurzel geschrieben werden.

Beispiel

- Es soll $\sqrt[3]{a} \cdot \sqrt[4]{a}$ unter eine Wurzel geschrieben werden.

  Umschreiben als Potenz: $\sqrt[3]{a} \cdot \sqrt[4]{a} = a^{\frac{1}{3}} \cdot a^{\frac{1}{4}}$

  Anwenden von Potenzgesetz 1 (Seite 54): $a^{\frac{1}{3}} \cdot a^{\frac{1}{4}} = a^{\frac{1}{3}+\frac{1}{4}} = a^{\frac{4+3}{12}} = a^{\frac{7}{12}}$

  Umschreiben als Wurzel: $a^{\frac{7}{12}} = \sqrt[12]{a^7}$

  Das Ergebnis $\sqrt[3]{a} \cdot \sqrt[4]{a} = \sqrt[12]{a^7}$ zeigt, daß das 1. und 2. Potenzgesetz nicht auf Wurzelexponenten übertragbar ist, denn $\sqrt[3]{a} \cdot \sqrt[4]{a} \neq \sqrt[3+4]{a} = \sqrt[7]{a}$.

Aufgaben

178. Schreibe mit Wurzelzeichen und gib den Wert an.

     a) $32^{\frac{3}{5}}$ b) $81^{\frac{5}{4}}$ c) $10000^{\frac{3}{4}}$

     d) $0{,}008^{\frac{4}{3}}$ e) $27^{\frac{2}{3}}$ f) $0{,}125^{\frac{2}{3}}$

179. Schreibe zuerst mit Wurzelzeichen und wende dann ein Potenzgesetz an.

     a) $\sqrt[3]{x} \cdot \sqrt[5]{x}$ b) $\sqrt{m} \cdot \sqrt[4]{m}$

     c) $\sqrt[3]{a} : \sqrt[4]{a}$ d) $\sqrt[n]{3} \cdot \sqrt[m]{3}$

     e) $\left(\sqrt[3]{a^2}\right)^5$ f) $\left(\sqrt[5]{x^4}\right)^7$

Potenzen

ZEHNERPOTENZEN

Was Du wissen solltest
Vielfache von 10 und Teile von 10 können mit Hilfe von **Zehnerpotenzen** dargestellt werden.

$$
\begin{aligned}
\vdots \\
0{,}000000001 &= 10^{-9} &\to&\quad \text{Milliardstel} \\
0{,}000001 &= 10^{-6} &\to&\quad \text{Millionstel} \\
0{,}001 &= 10^{-3} &\to&\quad \text{Tausendstel} \\
0{,}01 &= 10^{-2} &\to&\quad \text{Hundertstel} \\
0{,}1 &= 10^{-1} &\to&\quad \text{Zehntel} \\
1 &= 10^{0} &\to&\quad \text{Einer} \\
10 &= 10^{1} &\to&\quad \text{Zehner} \\
100 &= 10^{2} &\to&\quad \text{Hunderter} \\
1000 &= 10^{3} &\to&\quad \text{Tausender} \\
1000000 &= 10^{6} &\to&\quad \text{Millionen} \\
1000000000 &= 10^{9} &\to&\quad \text{Milliarden} \\
\vdots
\end{aligned}
$$

Große Zahlen werden häufig als Produkt einer Dezimalzahl mit einer Vorkommastelle und einer Zehnerpotenz mit einer positiven Hochzahl geschrieben.

Beispiele
- Es soll 134000000 mit Hilfe von Zehnerpotenzen dargestellt werden.
  Zunächst werden 6 Nullen gezählt.
  Zusätzlich müssen weitere 2 Dezimalstellen abgetrennt werden.
  Dies bringt eine 8 als Hochzahl.
  $134000000 = 1{,}34 \cdot 10^{8}$
- Es soll $7{,}125 \cdot 10^{11}$ als Dezimalzahl dargestellt werden.
  Das Komma muß um 11 Stellen nach rechts verschoben werden.
  Da 3 Dezimalstellen vorliegen, müssen noch 8 Nullen angehängt werden.
  $7{,}125 \cdot 10^{11} = 712500000000$

Potenzen

Kleine Zahlen werden häufig als Produkt einer Dezimalzahl mit einer Vorkommastelle und einer Zehnerpotenz mit einer negativen Hochzahl geschrieben.

Beispiele
- Es soll 0,00000375 mit Hilfe von Zehnerpotenzen dargestellt werden.
  Damit die Ziffer 3 Vorkommastelle wird, ist eine Kommaverschiebung um 6 Stellen nach rechts nötig.
  Dies bringt -6 als Hochzahl.
  $0{,}00000375 = 3{,}75 \cdot 10^{-6}$
- Es soll $4{,}625 \cdot 10^{-12}$ als Dezimalzahl dargestellt werden.
  Hierzu ist eine Kommaverschiebung um 12 Stellen nach links nötig.
  Dies macht 12 Nullen notwendig, wobei das Komma nach der 1. Null steht.
  $4{,}625 \cdot 10^{-12} = 0{,}000000000004625$

Aufgaben

180. Schreibe jeweils als Zehnerpotenz.
     - a) 100000
     - b) 100000000
     - c) 4500000
     - d) 723000000000000
     - e) 10800000000
     - f) 7000000000
     - g) 2350000000000000
     - h) 100400000000000
     - i) 7300000000000
     - k) 505300000000

181. Schreibe jeweils als Zehnerpotenz.
     - a) 0,0000001
     - b) 0,00000000001
     - c) 0,000000066
     - d) 0,000000000000000103
     - e) 0,00000703
     - f) 0,0000000125
     - g) 0,0000000000009
     - h) 0,000006
     - i) 0,000000000122
     - k) 0,000000000000034

182. Schreibe jeweils als Dezimalzahl.
     - a) $5{,}05 \cdot 10^7$
     - b) $8{,}234 \cdot 10^9$
     - c) $3{,}22 \cdot 10^6$
     - d) $4{,}105 \cdot 10^{11}$
     - e) $1{,}2 \cdot 10^{10}$
     - f) $5{,}701 \cdot 10^8$
     - g) $5{,}1105 \cdot 10^{12}$
     - h) $1{,}2015 \cdot 10^{13}$

Potenzen

183. Schreibe jeweils als Dezimalzahl.
 a) $4{,}25 \cdot 10^{-9}$
 b) $2{,}002 \cdot 10^{-11}$
 c) $8{,}2 \cdot 10^{-5}$
 d) $3{,}33 \cdot 10^{-8}$
 e) $1{,}125 \cdot 10^{-7}$
 f) $7{,}025 \cdot 10^{-13}$
 g) $6{,}02 \cdot 10^{-10}$
 h) $4{,}8 \cdot 10^{-4}$

184. Berechne durch Anwenden einer Potenzregel.
 Gib das Ergebnis als Produkt einer Dezimalzahl mit einer Vorkommastelle und einer Zehnerpotenz an.
 a) $4{,}7 \cdot 10^7 + 3{,}86 \cdot 10^7 + 9{,}5 \cdot 10^7$
 b) $3{,}75 \cdot 10^{-5} + 9{,}7 \cdot 10^{-5} - 1{,}8 \cdot 10^{-5}$
 c) $8{,}17 \cdot 10^{11} + 3{,}61 \cdot 10^{11} + 9{,}02 \cdot 10^{11}$
 d) $5{,}71 \cdot 10^{-9} - 6{,}71 \cdot 10^{-9} + 4{,}15 \cdot 10^{-9}$
 e) $8{,}11 \cdot 10^{10} + 9{,}98 \cdot 10^{10} - 5{,}5 \cdot 10^{10}$
 f) $(3{,}75 \cdot 10^8) \cdot (2{,}0 \cdot 10^{-5})$
 g) $(2{,}5 \cdot 10^{-9}) \cdot (3{,}2 \cdot 10^4)$
 h) $(4{,}6 \cdot 10^{-7}) \cdot (5{,}2 \cdot 10^{-3})$
 i) $(3{,}75 \cdot 10^8) : (1{,}25 \cdot 10^{-5})$
 k) $(8{,}5 \cdot 10^{-6}) : (2{,}5 \cdot 10^5)$
 l) $(6{,}4 \cdot 10^7) : (8{,}0 \cdot 10^{-8})$

185. Das Volumen der Erde beträgt $1{,}08 \cdot 10^{12}$ km³, das Volumen der Sonne beträgt $1{,}41 \cdot 10^{18}$ km³.
 Wie oft paßt die Erde mit ihrem Volumen in das der Sonne?

186. Ein Wasserstoffatom besitzt einen Durchmesser von etwa $1 \cdot 10^{-10}$ m, ein rotes Blutkörperchen einen Durchmesser von etwa $7 \cdot 10^{-4}$ m.
 Wie viele Wasserstoffatome ergeben eine Kette vom Durchmesser eines roten Blutkörperchens?

187. Gold läßt sich zu sogenannten Blattgoldfolien mit $1 \cdot 10^{-7}$ m Dicke walzen.
 Wie viele solche Blattgoldfolien ergeben ein Buch mit 2,5 cm Dicke?

188. Licht legt in 1 s eine Strecke von 300000 km zurück.
 Wie lange braucht es bis zur $1{,}5 \cdot 10^8$ km entfernten Sonne?

Potenzen

Was Du wissen solltest

Auch in Algebraaufgaben, beispielsweise beim Lösen von quadratischen Gleichungen, können große Zahlen vorkommen. Diese müssen vor Anwenden der Lösungsformel als Zehnerpotenz geschrieben werden.

Beispiel
- Es ist die Lösungsmenge der quadratischen Gleichung
$x^2 - 10100000000x + 1000000000000000000 = 0$
zu bestimmen.
Umschreiben in Zehnerpotenzen:
$x^2 - 1{,}01 \cdot 10^{10} x + 10^{18} = 0$
Einsetzen in die Lösungsformel (Seite 20):

$$x_{1/2} = 0{,}505 \cdot 10^{10} \pm \sqrt{0{,}255025 \cdot 10^{20} - 10^{18}}$$
$$= 0{,}505 \cdot 10^{10} \pm \sqrt{25{,}5025 \cdot 10^{18} - 10^{18}}$$
$$= 0{,}505 \cdot 10^{10} \pm \sqrt{10^{18}(25{,}5025 - 1)}$$
$$= 0{,}505 \cdot 10^{10} \pm 10^{9}\sqrt{24{,}5025}$$
$$= 0{,}505 \cdot 10^{10} \pm 10^{9} \cdot 4{,}95$$
$$= 5{,}05 \cdot 10^{9} \pm 4{,}95 \cdot 10^{9}$$
$$x_1 = 10 \cdot 10^{9} = 10^{10}$$
$$x_2 = 0{,}1 \cdot 10^{9} = 10^{8}$$
$$\mathbb{L} = \{10^{8}; 10^{10}\}$$

Aufgaben

189. Bestimme die Lösungsmenge der folgenden quadratischen Gleichungen.
   a) $x^2 - 3900000000x + 2700000000000000000 = 0$
   b) $x^2 - 5410000000x + 2499000000000000000 = 0$
   c) $x^2 - 42500000000x + 100000000000000000000 = 0$
   d) $x^2 - 0{,}00006633x + 0{,}00000000002178 = 0$
   e) $x^2 - 0{,}000000000265x + 0{,}0000000000000000000006 = 0$

Potenzen

TERME MIT POTENZEN

Was Du wissen solltest
Wenn beispielsweise binomische Terme oder Brüche Potenzen enthalten, müssen beim Umformen solcher Terme oder beim Rechnen mit Brüchen die Regeln für das Rechnen mit Potenzen beachtet werden.

Beispiele
- Der binomische Ausdruck $(4x^2 - 3xy^2)^2$ soll als Summe geschrieben werden.
  Anwenden der 2. binomischen Formel:
  $$(4x^2 - 3xy^2)^2 = (4x^2)^2 - 2 \cdot 4x^2 \cdot 3xy^2 + (3xy^2)^2$$
  Anwenden der Potenzgesetze:
  $$(4x^2)^2 - 2 \cdot 4x^2 \cdot 3xy^2 + (3xy^2)^2 = 16x^4 - 24x^3y^2 + 9x^2y^4$$
- Die Summe $a^{n+1} + a^{n-3} + a^{4+n}$ soll durch Ausklammern der größten gemeinsamen Potenz in eine Summe verwandelt werden.
  Die größte gemeinsame Potenz ist a^{n-3}.
  Ausklammern:
  $$a^{n+1} + a^{n-3} + a^{4+n} = a^{n-3}(a^4 + 1 + a^7)$$
- Der Term $\dfrac{36a^2b - 48ab^2}{30ab} + \dfrac{24ab^2 - 12a^2b}{18ab}$ soll vereinfacht werden.
  Zähler und Nenner beider Brüche durch Ausklammern umschreiben als Produkt:
  $$\frac{36a^2b - 48ab^2}{30ab} + \frac{24ab^2 - 12a^2b}{18ab} = \frac{6ab(6a - 8b)}{30ab} + \frac{6ab(4b - 2a)}{18ab}$$
  Kürzen:
  $$\frac{6ab(6a - 8b)}{30ab} + \frac{6ab(4b - 2a)}{18ab} = \frac{6a - 8b}{5} + \frac{4b - 2a}{3}$$
  Addieren unter Beachten des Hauptnenners 15:
  $$\frac{6a - 8b}{5} + \frac{4b - 2a}{3} = \frac{3(6a - 8b) + 5(4b - 2a)}{15} = \frac{18a - 24b + 20b - 10a}{15}$$
  $$= \frac{8a - 4b}{15}$$

Potenzen

Aufgaben

190. Verwandle die binomischen Ausdrücke jeweils in eine Summe.
   a) $(3a^2 - 4b^3)^2$
   b) $(x^2y^3 + 2x^4)^2$
   c) $(x^4 - y^3)(x^4 + y^3)$
   d) $(1 - 3a^2b)(1 + 3a^2b)$
   e) $(2mn^3 - 5m^2n)^2$
   f) $(4uv - 7u^3v^2)^2$

191. Klammere jeweils die größte gemeinsame Potenz aus.
   a) $a^{n-4} + a^{n-7} + a^{3+n}$
   b) $x^{n-3} - x^{4+n} + x^{5+n}$
   c) $y^{3+n} - y^{n+8} + y^{7+n}$
   d) $z^{4+n} - z^{n-3} + z^{n+5}$

192. Vereinfache die folgenden Terme.

   a) $\dfrac{18x^2y + 42xy^2}{24xy} - \dfrac{48xy^2 - 36x^2y}{20xy}$

   b) $\dfrac{18x^2y + 42xy^2}{24xy} + \dfrac{48xy^2 - 36x^2y}{20xy}$

   c) $\dfrac{21s^4t^3 + 42s^3t^4}{28s^2t^2} + \dfrac{77s^3t^4 - 49s^4t^3}{35s^2t^2}$

   d) $\dfrac{21s^4t^3 + 42s^3t^4}{28s^2t^2} - \dfrac{77s^3t^4 - 49s^4t^3}{35s^2t^2}$

193. Vereinfache die folgenden Terme.

   a) $\dfrac{5(a+b)^6}{6(a-b)^5} \cdot \dfrac{4(a-b)^6}{5(a+b)^7}$

   b) $\dfrac{18(m+n)^7}{12(m-n)^4} : \dfrac{36(m+n)^4}{24(m-n)^7}$

   c) $\dfrac{(a+b)^3}{(x+y)^3} \cdot \dfrac{(a-b)^2}{(x+y)^2} \cdot \dfrac{(x+y)^6}{(a^2-b^2)^3}$

   d) $\dfrac{(3x-5y)^2}{(2x+3y)^6} : \dfrac{(3x-5y)^3}{(2x+3y)^3}$

194. Führe die folgenden Divisionen aus.
   a) $(2^{n+10} - 2^{n+8} + 2^{n+6}) : 2^n$
   b) $(3^{8+n} - 3^n + 3^{n+2}) : 3^n$
   c) $(5^{n-1} + 5^{3+n} - 5^{n-2}) : 5^{n-2}$

Potenzen

VERMISCHTE AUFGABEN

195. Verwandle Zähler und Nenner in eine Summe und kürze, soweit möglich.

a) $\dfrac{b^9 + 2b^8 + b^7}{b^4 + b^3}$
b) $\dfrac{x^{10} + x^9 - x^8 - x^7}{x^5 - x^3}$

c) $\dfrac{4m^8 + 8m^7 + 4m^6}{4m^4 + 4m^3}$
d) $\dfrac{7n^4 - 14n^6 + 7n^8}{n^2 - n^4}$

e) $\dfrac{m^3n^2 - m^2n^3}{m^2 - n^2}$
f) $\dfrac{a^2b^3 - a^3b^2}{a^2 - 2ab + b^2}$

196. Vereinfache die folgenden Terme.

a) $\dfrac{6a^3b^2}{4c^2d} \cdot \dfrac{8c^5d}{9a^2b}$
b) $\dfrac{6a^4b^3}{5a^3b^2} \cdot \dfrac{9a^5b^4}{10a^6b^5}$

c) $\dfrac{4a^3x^5}{3a^4y^3} \cdot \dfrac{9b^3a^2x}{8y^3b^2x^3}$
d) $\dfrac{8x^2y^4z^3}{9x^2y^3z^2} \cdot \dfrac{6x^3y^4z^3}{5xy^2z^3}$

e) $\dfrac{48x^5y^3}{35x^4y^6} : \dfrac{60x^6y^2}{70x^3y^3}$
f) $\dfrac{32x^5y^3}{75a^6b^4} : \dfrac{48x^3y^2}{45a^4b}$

g) $\dfrac{(12p^3q)^2}{(8r^2s^2)^3} \cdot \dfrac{(4r^3s^2)^3}{(3ps^2)^2} \cdot \dfrac{(9r^3s^2)^3}{(9p^2q^3)^2}$

h) $\dfrac{(49a^2b)^3}{(15xy^2)^6} \cdot \dfrac{(25x^2y^3)^4}{(21a^3b^4)^3} \cdot \dfrac{(9ab^2)^3}{(7x^2y^4)^3}$

197. Ziehe teilweise die Wurzel und vereinfache die folgenden Terme.

a) $\sqrt{72} + \sqrt{50} - \sqrt{18} - \sqrt{32}$
b) $\sqrt{20} + \sqrt{80} - \sqrt{45} + \sqrt{180} - \sqrt{125}$

c) $\dfrac{3a^3b}{2c} \cdot \sqrt{\dfrac{4c^3}{9a^5b}}$
d) $\dfrac{4xy^2}{3ab} \cdot \sqrt{\dfrac{9a^3b^4}{8xy^3}}$

198. Vereinfache die folgenden Terme.

a) $\sqrt{2}(\sqrt{72} + \sqrt{18} - \sqrt{32})$
b) $\sqrt{2}(\sqrt{128} - \sqrt{162} + \sqrt{242})$

c) $(\sqrt{5} + \sqrt{3})^2 + (\sqrt{5} - \sqrt{3})^2$
d) $(\sqrt{32} + \sqrt{18})^2 - (\sqrt{72} - \sqrt{50})^2$

LÖSUNGEN

Lösungen

1. 16; 91; 225; 14400; 9; 400; 5,76; 12,96; 0,81; 0,25; 0,0025
2. $\dfrac{9}{49}$, $\dfrac{1}{16}$, $\dfrac{25}{81}$, $\dfrac{144}{169}$, $\dfrac{36}{121}$, $\dfrac{1}{625}$, $\dfrac{1}{100}$, $\dfrac{1}{10000}$, $\dfrac{1}{1000000}$
3. $4^2 = 16$, $5^2 = 25$, $6^2 = 36$, $7^2 = 49$, $8^2 = 64$ und $9^2 = 81$
4. Da $20^2 = 400$ und $30^2 = 900$ ist, lauten die gesuchten Zahlen $21^2 = 441$, $22^2 = 484$, $23^2 = 529$, $24^2 = 576$, $25^2 = 625$, $26^2 = 676$, $27^2 = 729$, $28^2 = 784$ und $29^2 = 841$.
5. Die Quadrate von zweistelligen Zahlen besitzen drei oder vier Stellen ($10^2 = 100$ und $99^2 = 9801$).

    Die Quadrate von dreistelligen Zahlen besitzen fünf oder sechs Stellen ($100^2 = 10000$ und $999^2 = 998001$).
6. Die Quadrate von Dezimalzahlen mit einer Dezimalen besitzen zwei Dezimalen ($0{,}1^2 = 0{,}01$ und $0{,}9^2 = 0{,}81$).

    Die Quadrate von Dezimalzahlen mit zwei Dezimalen besitzen vier Dezimalen ($0{,}01^2 = 0{,}0001$ und $0{,}09^2 = 0{,}008$).
7. a) $x^2 + 2xy + y^2$ b) $m^2 - 2mn + n^2$ c) $4x^2 - 24x + 36$ d) $a^2 + 6ab + 9b^2$ e) $49 - 28y + 4y^2$ f) $25a^2 + 90ab + 81b^2$
8. a) $A = 25 \text{ cm}^2$ b) $A = 0{,}64 \text{ m}^2$
9. a) 8 b) 9 c) 13 d) 1,2 e) 0,3 f) 0,01 g) 32 h) 1000 i) 600 k) $\dfrac{2}{3}$ l) $\dfrac{11}{10}$ m) $\dfrac{5}{14}$
10. a) $\sqrt{9}$ b) $\sqrt{25}$ c) $\sqrt{64}$ d) $\sqrt{1}$ e) $\sqrt{0}$ f) $\sqrt{3600}$ g) $\sqrt{8100}$ h) $\sqrt{10000}$ i) $\sqrt{14400}$
11. a) -3 und 3 b) $-0{,}5$ und $0{,}5$ c) keine d) keine e) -1 und 1 f) 0 g) -5 und 5 h) keine i) -10 und 10

Lösungen

12. a) 2   b) 5   c) 9
     d) 0,1   e) 7   f) 0,6
13. a) 16   b) nicht definiert   c) 16
     d) nicht definiert   e) 36   f) 36
     g) 4   h) 4   i) nicht definiert
14. a) 15 m   b) 0,1 cm   c) 250 m
     d) 45m   e) 4,2 m   f) 9,5 m
     g) 0,3 cm   h) 750 m   i) 1,4 cm
15. a) $x \geq 5$ b) $x \geq -3$ c) $x \leq 7$
     d) für beliebige Werte von x
     e) $|x| \geq 2$, d. h. für $x \geq 2$ oder $x \leq -2$
     f) $|x| \geq 3$, d. h. für $x \geq 3$ oder $x \leq -3$
     g) für beliebige Werte von x
     h) für beliebige Werte von x
     i) für beliebige Werte von x
16. a) $\sqrt{1{,}21} = 1{,}1$ (rational abbrechend)
     b) $\sqrt{0{,}1024} = 0{,}32$ (rational abbrechend)
     c) $\sqrt{5{,}0} \approx 2{,}236$ (irrational)
     d) $\sqrt{\dfrac{25}{36}} = \dfrac{5}{6} = 0{,}8\overline{3}$ (rational periodisch)
     e) $\sqrt{\dfrac{15}{60}} = \sqrt{\dfrac{1}{4}} = \dfrac{1}{2} = 0{,}5$ (rational abbrechend)
     f) $\sqrt{\dfrac{7}{35}} = \sqrt{\dfrac{1}{5}} = \dfrac{1}{\sqrt{5}} \approx 0{,}447$ (irrational)
     g) $\sqrt{\dfrac{10}{15}} = \sqrt{\dfrac{2}{3}} = \dfrac{\sqrt{2}}{\sqrt{3}} \approx 0{,}816$ (irrational)
     h) $\sqrt{\dfrac{2}{128}} = \sqrt{\dfrac{1}{64}} = \dfrac{1}{8} = 0{,}125$ (rational abbrechend)
     i) $\sqrt{\dfrac{1}{2}} = \dfrac{1}{\sqrt{2}} \approx 0{,}707$ (irrational)

Lösungen

17. a) $7 < \sqrt{50} < 8$ b) $9 < \sqrt{90} < 10$ c) $4 < \sqrt{19} < 5$
    d) $12 < \sqrt{150} < 13$ e) $5 < \sqrt{33} < 6$ f) $8 < \sqrt{71} < 9$
18. a) 2,64 b) 3,46 c) 4,47
19. a) 2,23 b) 3,16 c) 1,73
20. a) $7 \cdot 4 = 28$ b) $9 \cdot 5 = 45$ c) $2 \cdot 6 = 12$
    d) $8 \cdot 0,2 = 1,6$ e) $0,5 \cdot 5 = 2,5$ f) $12 \cdot 0,4 = 4,8$
    g) $\dfrac{8}{11}$ h) $\dfrac{7}{10}$ i) $\dfrac{4}{9}$
    k) $\dfrac{6 \cdot 4}{10} = \dfrac{12}{5}$ l) $\dfrac{5 \cdot 3}{7} = \dfrac{15}{7}$ m) $\dfrac{3 \cdot 9}{8} = \dfrac{27}{8}$
21. a) $\sqrt{16} = 4$ b) $\sqrt{81} = 9$ c) $\sqrt{100} = 10$
    d) $\sqrt{144} = 12$ e) $\sqrt{225} = 15$ f) $\sqrt{36} = 6$
    g) $\sqrt{16} = 4$ h) $\sqrt{100} = 10$ i) $\sqrt{9} = 3$
    k) $\sqrt{4} = 2$ l) $\sqrt{36} = 6$ m) $\sqrt{4} = 2$
22. a) $5 + 10 = 15$ b) $12 + 9 = 21$
    c) $8 - 4 = 4$ d) $6 - 2 = 4$
    e) $3 + 2 = 5$ f) $3 - 2 = 1$
    g) $3 - 2 = 1$ h) $4 + 5 = 9$
23. a) $10\sqrt{7}$ b) $\sqrt{10}$
    c) $2\sqrt{6}$ d) $5\sqrt{11}$
    e) $\sqrt{3} - 4\sqrt{2}$ f) $10\sqrt{5} - 6\sqrt{7}$
24. a) $2\sqrt{2}$ b) $3\sqrt{3}$ c) $5\sqrt{2}$
    d) $6\sqrt{2}$ e) $5\sqrt{3}$ f) $10\sqrt{3}$
    g) $9\sqrt{3}$ h) $15\sqrt{2}$ i) $25\sqrt{2}$
    k) $7\sqrt{2}$ l) $100\sqrt{2}$ m) $9\sqrt{2}$
    n) $11\sqrt{3}$ o) $12\sqrt{2}$ p) $20\sqrt{2}$
25. a) $a \cdot \sqrt{7}$ b) $4\sqrt{x}$ c) $3u \cdot \sqrt{2}$
    d) $a \cdot \sqrt{b}$ e) $mn \cdot \sqrt{n}$ f) $2ab \cdot \sqrt{2}$
    g) $4x^2y \cdot \sqrt{2y}$ h) $10rs \cdot \sqrt{2rs}$ i) $5y^2 \cdot \sqrt{2x}$

Lösungen

26. a) $\sqrt{18}$ b) $\sqrt{175}$ c) $\sqrt{44}$
    d) $\sqrt{3a^2}$ e) $\sqrt{x^3}$ f) $\sqrt{4c^3}$

27. a) $\dfrac{1\cdot\sqrt{7}}{\sqrt{7}\cdot\sqrt{7}} = \dfrac{\sqrt{7}}{7}$ b) $\dfrac{8\cdot\sqrt{6}}{\sqrt{6}\cdot\sqrt{6}} = \dfrac{4\sqrt{6}}{3}$

   c) $\dfrac{3\cdot\sqrt{3}}{\sqrt{3}\cdot\sqrt{3}} = \sqrt{3}$ d) $\dfrac{5\cdot\sqrt{5}}{2\cdot\sqrt{5}\cdot\sqrt{5}} = \dfrac{\sqrt{5}}{2}$

   e) $\dfrac{1\cdot\sqrt{2}}{2\cdot\sqrt{2}\cdot\sqrt{2}} = \dfrac{\sqrt{2}}{4}$ f) $\dfrac{6\cdot\sqrt{3}}{5\cdot\sqrt{3}\cdot\sqrt{3}} = \dfrac{2\sqrt{3}}{5}$

   g) $\dfrac{\sqrt{2}\cdot\sqrt{3}}{\sqrt{3}\cdot\sqrt{3}} = \dfrac{\sqrt{6}}{3}$ h) $\dfrac{\sqrt{5}\cdot\sqrt{3}}{3\cdot\sqrt{3}\cdot\sqrt{3}} = \dfrac{\sqrt{15}}{9}$

   i) $\dfrac{2\cdot\sqrt{2}\cdot\sqrt{7}}{\sqrt{7}\cdot\sqrt{7}} = \dfrac{2\sqrt{14}}{7}$

28. a) $\dfrac{1\cdot(5+\sqrt{3})}{(5-\sqrt{3})(5+\sqrt{3})} = \dfrac{5+\sqrt{3}}{22}$

   b) $\dfrac{18(4+\sqrt{7})}{(4-\sqrt{7})(4+\sqrt{7})} = 2(4+\sqrt{7})$

   c) $\dfrac{12(\sqrt{5}-1)}{(\sqrt{5}+1)(\sqrt{5}-1)} = 3(\sqrt{5}-1)$

   d) $\dfrac{\sqrt{2}(\sqrt{3}+\sqrt{2})}{(\sqrt{3}-\sqrt{2})(\sqrt{3}+\sqrt{2})} = \sqrt{6}+2$

   e) $\dfrac{1\cdot(\sqrt{5}-\sqrt{7})}{(\sqrt{5}+\sqrt{7})(\sqrt{5}-\sqrt{7})} = \dfrac{\sqrt{5}-\sqrt{7}}{-2} = \dfrac{\sqrt{7}-\sqrt{5}}{2}$

   f) $\dfrac{(4+\sqrt{2})(4+\sqrt{2})}{(4-\sqrt{2})(4+\sqrt{2})} = \dfrac{16+8\sqrt{2}+2}{14} = \dfrac{18+8\sqrt{2}}{14} = \dfrac{9+4\sqrt{2}}{7}$

29. 49; 144; 400; 2500; 81; 121; 0,04; 0,64; 0,0016; 0,49; 0,0001

30. $\dfrac{9}{16}$, $\dfrac{49}{100}$, $\dfrac{25}{64}$, $\dfrac{1}{225}$, $\dfrac{16}{25}$, $\dfrac{100}{121}$, $\dfrac{9}{10000}$, $\dfrac{49}{1000000}$

31. a) $a^2 - 6a + 9$ b) $4x^2 + 20x + 25$
    c) $9m^2 + 24mn + 16n^2$ d) $u^2 - 9v^2$
    e) $16x^2 - 9y^2$ f) $100c^2 - 160cd + 64d^2$

Lösungen

32. a) 7   b) 11   c) 5
    d) 0,4   e) 0,2   f) 1,5
    g) $\dfrac{5}{6}$ h) $\dfrac{9}{12} = \dfrac{3}{4}$ i) $\dfrac{3}{10}$
33. a) 2 und −2   b) keine   c) 0,8 und −0,8
    d) $\dfrac{1}{3}$ und $-\dfrac{1}{3}$ e) keine   f) $\dfrac{4}{9}$ und $-\dfrac{4}{9}$
34. a) 9   b) nicht definiert   c) 9
    d) 25   e) 25   f) nicht definiert
35. a) $x \geq 7$
    b) $|x| \geq 1$, d. h. für $x \geq 1$ oder $x \leq -1$
    c) für alle x
36. a) 3   b) 2   c) 0,5
37. a) $A = 5{,}76 \text{ cm}^2$, $u = 9{,}6 \text{ cm}$
    b) $a = 2{,}5 \text{ m}$, $A = 6{,}25 \text{ m}^2$
    c) $a = 1{,}5 \text{ m}$, $u = 6 \text{ m}$
    d) $a = 250 \text{ m}$, $A = 62500 \text{ m}^2 = 6{,}25 \text{ ha}$
    e) $a = 400 \text{ m}$, $u = 1600 \text{ m} = 1{,}6 \text{ km}$
    f) $A = 0{,}64 \text{ m}^2$, $u = 3{,}2 \text{ m}$
38. a) $O = 6 \cdot a^2 = 24 \text{ cm}^2$
    b) $8{,}64 \text{ m}^2$ c) $1{,}5 \text{ mm}^2$
39. a) $a = \sqrt{\dfrac{O}{6}} = \sqrt{\dfrac{13{,}5}{6}} = 1{,}5 \text{ m}$
    b) 0,8 dm   c) 16 cm
40. a) $3 \cdot 7 = 21$ b) $6 \cdot 8 = 48$ c) $4 \cdot 0{,}4 = 1{,}6$
    d) $\dfrac{11}{12}$ e) $\dfrac{2 \cdot 15}{25} = \dfrac{6}{5}$ f) $\dfrac{10}{13 \cdot 5} = \dfrac{2}{13}$
41. a) $\sqrt{64} = 8$ b) $\sqrt{100} = 10$ c) $\sqrt{144} = 12$
    d) $\sqrt{36} = 6$ e) $\sqrt{9} = 3$ f) $\sqrt{100} = 10$
42. a) $4\sqrt{2}$ b) $2\sqrt{3}$ c) $9\sqrt{2}$

Lösungen

    d) $5x \cdot \sqrt{x}$ e) $10a \cdot \sqrt{7b}$ f) $xy^2 \cdot \sqrt{3}$

43. a) $4\sqrt{2} + 2 + 4\sqrt{3} + \sqrt{6} = 2 + 4\sqrt{2} + 4\sqrt{3} + \sqrt{6}$
    b) $5\sqrt{3} - 5\sqrt{2} - \sqrt{24} + 4 = 4 - 5\sqrt{2} + 5\sqrt{3} - 2\sqrt{6}$
    c) $\sqrt{48} + 4 + 12 + \sqrt{48} = 16 + 2\sqrt{48} = 16 + 8\sqrt{3}$
    d) $8 - 6 + \sqrt{96} - \sqrt{54} = 2 + 4\sqrt{6} - 3\sqrt{6} = 2 + \sqrt{6}$

44. a) $\dfrac{\sqrt{6}}{4}$ b) $\dfrac{\sqrt{10}}{25}$ c) $\dfrac{1}{4}$
    d) $\dfrac{\sqrt{7} + 2}{3}$ e) $\dfrac{3 - \sqrt{6}}{5}$
    f) $\dfrac{1 - 2\sqrt{5} + 5}{-4} = \dfrac{\sqrt{5} - 3}{2}$

45. a) $\mathbb{L} = \{-7; 7\}$ b) $\mathbb{L} = \{-1; 1\}$
    c) $\mathbb{L} = \{\ \}$ d) $\mathbb{L} = \{-\sqrt{11}; \sqrt{11}\}$
    e) $\mathbb{L} = \{-0{,}3; 0{,}3\}$ f) $\mathbb{L} = \{\ \}$
    g) $\mathbb{L} = \{-\dfrac{3}{4}; \dfrac{3}{4}\}$ h) $\mathbb{L} = \{-\dfrac{1}{5}; \dfrac{1}{5}\}$

46. a) $\mathbb{L} = \{-5; 5\}$ b) $\mathbb{L} = \{-4; 4\}$
    c) $\mathbb{L} = \{-0{,}2; 0{,}2\}$ d) $\mathbb{L} = \{\ \}$
    e) $\mathbb{L} = \{-\dfrac{1}{2}; \dfrac{1}{2}\}$ f) $\mathbb{L} = \{-\dfrac{1}{3}; \dfrac{1}{3}\}$
    g) $\mathbb{L} = \{-\dfrac{7}{4}; \dfrac{7}{4}\}$ h) $\mathbb{L} = \{-\dfrac{10}{9}; \dfrac{10}{9}\}$

47. a) $\mathbb{L} = \{-1; 1\}$ b) $\mathbb{L} = \{-3; 3\}$
    c) $\mathbb{L} = \{-4; 4\}$ d) $\mathbb{L} = \{-7; 7\}$
    e) $\mathbb{L} = \{0\}$ f) $\mathbb{L} = \{-3; 3\}$
    g) $\mathbb{L} = \{-\sqrt{3}; \sqrt{3}\}$

48. a) Der Hauptnenner ist 10.
    Erweitern: $\dfrac{5x^2}{5 \cdot 2} + \dfrac{2x^2}{2 \cdot 5} = \dfrac{10 \cdot 21}{10} \Leftrightarrow \dfrac{5x^2}{10} + \dfrac{2x^2}{10} = \dfrac{210}{10}$
    Beidseitige Multiplikation mit dem Hauptnenner: $5x^2 + 2x^2 = 210$

Lösungen

Umformen: $7x^2 = 210 \Rightarrow x^2 = 30$
Lösungsmenge: $\mathbb{L} = \{-\sqrt{30}; \sqrt{30}\}$

b) Der Hauptnenner ist 30.
Erweitern:
$$\frac{6(x^2+3)}{6 \cdot 5} = \frac{2(4x^2+4)}{2 \cdot 15} + \frac{5(2x^2-4)}{5 \cdot 6}$$
$$\frac{6x^2+18}{30} = \frac{8x^2+8}{30} + \frac{10x^2-20}{30}$$
Beidseitige Multiplikation mit dem Hauptnenner:
$6x^2 + 18 = 8x^2 + 8 + 10x^2 - 20$
Umformen: $12x^2 = 30 \Rightarrow 2x^2 = 5$
Lösungsmenge: $\mathbb{L} = \{-\frac{\sqrt{10}}{2}; \frac{\sqrt{10}}{2}\}$

c) $\mathbb{L} = \{-\frac{3\sqrt{5}}{5}; \frac{3\sqrt{5}}{5}\}$

d) $\mathbb{L} = \{\ \}$

49. a) $x^2 = a - 5$: zwei Lösungen für $a > 5$
eine Lösung für $a = 5$
keine Lösung für $a < 5$

b) $x^2 = 3 - a$: zwei Lösungen für $a < 3$
eine Lösung für $a = 3$
keine Lösung für $a > 3$

c) $x^2 = 4a^2$: Wegen $a^2 \geq 0$ für alle $a \in \mathbb{R}$ besitzt die Gleichung zwei Lösungen für $a \neq 0$
und eine Lösung für $a = 0$

d) $x^2 = 2(2-a)$: zwei Lösungen für $a < 2$
eine Lösung für $a = 2$
keine Lösung für $a > 2$

50. a) $\mathbb{L} = \{2; 3\}$ b) $\mathbb{L} = \{-2; -3\}$
c) $\mathbb{L} = \{-3; 5\}$ d) $\mathbb{L} = \{-5; 3\}$

Lösungen

e) $\mathbb{L} = \{1; 4\}$ f) $\mathbb{L} = \{-1; -2\}$
g) $\mathbb{L} = \{-3; 4\}$ h) $\mathbb{L} = \{-3; 2\}$
i) $\mathbb{L} = \{0{,}5; 1{,}5\}$ k) $\mathbb{L} = \{-2{,}5; 3\}$
l) $\mathbb{L} = \{3{,}5; 4\}$ m) $\mathbb{L} = \{-1{,}5; 2{,}5\}$

51. a) $\mathbb{L} = \{-4; -6\}$ b) $\mathbb{L} = \{-7; -3\}$
    c) $\mathbb{L} = \{-4; 2\}$ d) $\mathbb{L} = \{2; 6\}$
    e) $\mathbb{L} = \{-1; 2\}$ f) $\mathbb{L} = \{-1; 5\}$

52. a) $\mathbb{L} = \{2\}$ b) $\mathbb{L} = \{\ \}$
    c) $\mathbb{L} = \{-3\}$ d) $\mathbb{L} = \{2; 4\}$
    e) $\mathbb{L} = \{\ \}$ f) $\mathbb{L} = \{1\}$
    g) $\mathbb{L} = \{-1; 7\}$ h) $\mathbb{L} = \{\ \}$
    i) $\mathbb{L} = \{\ \}$ k) $\mathbb{L} = \{0{,}5\}$
    l) $\mathbb{L} = \{0{,}1; 0{,}2\}$ m) $\mathbb{L} = \{-0{,}1\}$

53. a) $\mathbb{L} = \{-4; -6\}$ b) $\mathbb{L} = \{1; 3\}$
    c) $\mathbb{L} = \{-4; 4\}$ d) $\mathbb{L} = \{-3; 3\}$
    e) $\mathbb{L} = \{0; 2\}$ f) $\mathbb{L} = \{-45; -3\}$
    g) $\mathbb{L} = \{-6; -2\}$

54. a) $\mathbb{L} = \{-\frac{\sqrt{6}}{2}; \frac{\sqrt{6}}{2}\}$ b) $\mathbb{L} = \{5; 6\}$
    c) $\mathbb{L} = \{-\sqrt{7}; \sqrt{7}\}$ d) $\mathbb{L} = \{-6{,}5; 1\}$
    e) $\mathbb{L} = \{\ \}$ f) $\mathbb{L} = \{-\sqrt{6}; \sqrt{6}\}$

55. a) $x_{1/2} = 2 \pm \sqrt{4-a} \Rightarrow a = 4 \Rightarrow x = 2$
    b) $x_{1/2} = -b \pm \sqrt{b^2 - 16} \Rightarrow b = 4 \text{ oder } b = -4 \Rightarrow x = -b$
    c) $x_{1/2} = -4 \pm \sqrt{16-k} \Rightarrow k = 16 \Rightarrow x = -4$
    d) $x_{1/2} = -\frac{c}{2} \pm \sqrt{\frac{c^2}{4} - 1} \Rightarrow c = 2 \Rightarrow x = -1$
    e) $x_{1/2} = -4 \pm \sqrt{16 - a^2} \Rightarrow a = 4 \text{ oder } a = -4 \Rightarrow x = -4$
    f) $x_{1/2} = -3b \pm \sqrt{9b^2 - 9} \Rightarrow b = 1 \text{ oder } b = -1 \Rightarrow x = -3b$

Lösungen

56. a) Die Gleichung besitzt
   für $25 - a < 0$, d. h., jeweils für $a > 25$ keine Lösung,
   für $25 - a = 0$, d. h., jeweils für $a = 25$ genau eine Lösung,
   und für $25 - a > 0$, d. h., jeweils für $a < 25$ zwei Lösungen.
   b) Die Gleichung besitzt
   für $1 - c < 0$, d. h., jeweils für $c > 1$ keine Lösung,
   für $1 - c = 0$, d. h., jeweils für $c = 1$ genau eine Lösung,
   und für $1 - a > 0$, d. h., jeweils für $c < 1$ zwei Lösungen.
   c) Die Gleichung besitzt
   für $b^2 - 4 < 0$, d. h., jeweils für $-2 < b < 2$ keine Lösung,
   für $b^2 - 4 = 0$, d. h., jeweils für $b = -2$ oder $b = 2$ genau eine Lösung,
   und für $b^2 - 4 > 0$, d. h., jeweils für $b < -2$ oder $b > 2$ zwei Lösungen.
   d) Die Gleichung besitzt
   für $25k^2 - 25 < 0$, d. h., jeweils für $-1 < k < 1$ keine Lösung,
   für $25k^2 - 25 = 0$, d. h., jeweils für $k = -1$ oder $k = 1$ genau eine Lösung,
   und für $25k^2 - 25 > 0$, d. h., jeweils für $k < -1$ oder $k > 1$ zwei Lösungen.

57. In der Diskriminante $D = \left(\frac{p}{2}\right)^2 - q$ ist der quadratische Summand $\left(\frac{p}{2}\right)^2$ stets positiv.
    Im Falle $q < 0$ wird der Summand $-q$ ebenfalls positiv, was insgesamt eine positive Diskriminante und somit zwei Lösungen gibt.

58. a) $x^2 - 5x + 6 = 0$ b) $x^2 + 5x + 6 = 0$
    c) $x^2 - 2x - 3 = 0$ d) $x^2 - x - 20 = 0$
    e) $x^2 - 6x + 8{,}75 = 0$ f) $x^2 - 4x - 2{,}25 = 0$
    g) $x^2 - 2x + \frac{3}{4} = 0$ h) $x^2 + \frac{1}{2}x - \frac{3}{16} = 0$

59. a) $x_1 = -3$, $x_2 = -4$ Probe: $-((-3) + (-4)) = 7$, $(-3) \cdot (-4) = 12$

Lösungen

    b) $x_1 = -3$, $x_2 = 5$ Probe: $-((-3)+(5)) = -2$, $(-3) \cdot (+5) = -15$
    c) $x_1 = -2{,}5$, $x_2 = 5{,}5$
       Probe: $-((-2{,}5)+(5{,}5)) = 3$, $(-2{,}5) \cdot (5{,}5) = -13{,}75$
    d) $x_1 = -0{,}5$, $x_2 = -0{,}5$
       Probe: $-((-0{,}5)+(-0{,}5)) = 1$, $(-0{,}5) \cdot (-0{,}5) = 0{,}25$

60. a) $x_2 = -9 - (-5) = -4$, $q = (-5) \cdot (-4) = 20$
    b) $x_2 = (-12) : (-6) = 2$, $p = -((-6)+2) = 4$
    c) $x_2 = 7 - 6 = 1$, $q = 6 \cdot 1 = 6$
    d) $x_2 = (-18) : (-18) = 1$, $p = -((-18)+1) = 17$
    e) $x_2 = 11 - 15 = -4$, $q = 15 \cdot (-4) = -60$

61. a) Wir stellen zunächst eine quadratische Gleichung in Normalform auf.
       $p = -(4+7) = -11$, $q = 4 \cdot 7 = 28$ $\Rightarrow$ $x^2 - 11x + 28 = 0$
       Die gewünschte Form entsteht durch Multiplikation mit 2.
       (Eine solche Äquivalenzumformung ändert die Lösungsmenge nicht.)
       $2x^2 - 22x + 56 = 0$
    b) Normalform: $p = -((-3)+(-9)) = 12$, $q = (-3) \cdot (-9) = 27$
       $\Rightarrow$ $x^2 + 12x + 27 = 0$
       Äquivalenzumformung durch Multiplikation mit 3: $3x^2 + 36x + 81 = 0$

62. a) $3x(x+5) = 0$ $\Rightarrow$ $x_1 = 0$ und $x_2 = -5$
    b) $7x(x-3) = 0$ $\Rightarrow$ $x_1 = 0$ und $x_2 = 3$
    c) $x(x-1) = 0$ $\Rightarrow$ $x_1 = 0$ und $x_2 = 1$
    d) $x(x-18) = 0$ $\Rightarrow$ $x_1 = 0$ und $x_2 = 18$
    e) $2x(x+7) = 0$ $\Rightarrow$ $x_1 = 0$ und $x_2 = -7$
    f) $x(x-1) = 0$ $\Rightarrow$ $x_1 = 0$ und $x_2 = 1$
    g) $3x(x-2) = 0$ $\Rightarrow$ $x_1 = 0$ und $x_2 = 2$
    h) $16x(x+2) = 0$ $\Rightarrow$ $x_1 = 0$ und $x_2 = -2$

63. a) $2x(x^2 - 4x + 3) = 0$ $\Rightarrow$ $x_1 = 0$, $x_2 = 1$ und $x_3 = 3$
    b) $5x(x^2 - 3x - 4) = 0$ $\Rightarrow$ $x_1 = 0$, $x_2 = -1$ und $x_3 = 4$
    c) $x(x^2 - 5x - 14) = 0$ $\Rightarrow$ $x_1 = 0$, $x_2 = -2$ und $x_3 = 7$
    d) $x(x^2 - x - 12) = 0$ $\Rightarrow$ $x_1 = 0$, $x_2 = -3$ und $x_3 = 4$

Lösungen

    e) $x(x^2 - 8x + 12) = 0 \Rightarrow x_1 = 0, x_2 = 2$ und $x_3 = 6$

    f) $x(x^2 - 4x - 5) = 0 \Rightarrow x_1 = 0, x_2 = -1$ und $x_3 = 5$

64. a) $x + 3 = 0 \Rightarrow x_1 = -3$, $x - 2 = 0 \Rightarrow x_2 = 2$
    und $x + 4 = 0 \Rightarrow x_3 = -4$

    b) $x_1 = 0$, $x_2 = -8$ und $x_3 = 3$

    c) $x_1 = -5$, $x_2 = 2$ und $x_3 = 5$

    d) $x_1 = 4$, $x_2 = -1$ und $x_3 = -7$

65. a) $z_1 = -1 \Rightarrow$ keine Lösung für die Variable x.
    $z_2 = 9 \Rightarrow x_1 = -3$ und $x_2 = 3$

    b) $z_1 = 1 \Rightarrow x_1 = -1$ und $x_2 = 1$
    $z_2 = 4 \Rightarrow x_3 = -2$ und $x_4 = 2$

    c) $z_1 = 4 \Rightarrow x_1 = -2$ und $x_2 = 2$
    $z_2 = 25 \Rightarrow x_3 = -5$ und $x_4 = 5$

    d) $z_1 = 2 \Rightarrow x_1 = -\sqrt{2}$ und $x_2 = \sqrt{2}$
    $z_2 = 4 \Rightarrow x_3 = -2$ und $x_4 = 2$

    e) $z_1 = -1 \Rightarrow$ keine Lösung für die Variable x.
    $z_1 = -4 \Rightarrow$ keine Lösung für die Variable x.

    f) $z_1 = -3 \Rightarrow$ keine Lösung für die Variable x.
    $z_2 = 1 \Rightarrow x_1 = -1$ und $x_2 = 1$

66. a) $x^2(x^2 - 9) = 0 \Rightarrow x_{1/2} = 0$, $x_3 = -3$ und $x_4 = 3$

    b) $x^2(x^2 - 25) = 0 \Rightarrow x_{1/2} = 0$, $x_3 = -5$ und $x_4 = 5$

    c) $x^4 = 256 \Rightarrow x_{1/2} = -4$ und $x_{3/4} = 4$

    d) $x^4 = 625 \Rightarrow x_{1/2} = -5$ und $x_{3/4} = 5$

67. Biquadratische Gleichungen enthalten die Variable x nur in der Form x^4 und x^2. Wegen des Summanden 3x ist Ersetzen von $x^2 = z$ nicht möglich. Somit liegt keine biquadratische Gleichung vor.

68. a) $x - 4 = 9 \Rightarrow x = 13$
    Die Probe bestätigt $x = 13$ als Lösung.

    b) $x^2 + 9 = x^2 + 2x + 1 \Rightarrow x = 4$
    Die Probe bestätigt $x = 4$ als Lösung.

Lösungen

c) $x + 3 = 2x - 3 \Rightarrow x = 6$
Die Probe bestätigt $x = 6$ als Lösung.

d) $4x^2 - 3 = 4x^2 - 4x + 1 \Rightarrow x = 1$
Die Probe bestätigt $x = 1$ als Lösung.

e) $3x + 19 = x^2 + 6x + 9 \Rightarrow x_1 = -5$ und $x_2 = 2$
Die Probe bringt $x = 2$ als einzige Lösung.

f) $x + 4 = x^2 - 4x + 4 \Rightarrow x_1 = 0$ und $x_2 = 5$
Die Probe bringt $x = 0$ als einzige Lösung.

69. a) Hauptnenner: $12x$, Definitionsmenge: $D = \mathbb{R} \setminus \{0\}$
Normalform: $x^2 - 4x + 3 = 0$
Lösungsmenge: $\mathbb{L} = \{1; 3\}$

b) Hauptnenner: $4x$, Definitionsmenge: $D = \mathbb{R} \setminus \{0\}$
Normalform: $x^2 - 2x - 8 = 0$
Lösungsmenge: $\mathbb{L} = \{-2; 4\}$

c) Hauptnenner: $4x^2 - 6x$, Definitionsmenge: $D = \mathbb{R} \setminus \{0; 1{,}5\}$
Normalform: $x^2 - 2{,}5x + 1{,}5 = 0$
Lösungsmenge: $\mathbb{L} = \{1\}$

d) Hauptnenner: $2(x + 1)^2$, Definitionsmenge: $D = \mathbb{R} \setminus \{-1\}$
Normalform: $x^2 - \frac{2}{3}x - \frac{1}{3} = 0$
Lösungsmenge: $\mathbb{L} = \{-\frac{1}{3}; 1\}$

e) Hauptnenner: $x^2 - 9$, Definitionsmenge: $D = \mathbb{R} \setminus \{-3; 3\}$
Normalform: $x^2 - 5x + 6 = 0$
Lösungsmenge: $\mathbb{L} = \{2\}$

f) Hauptnenner: $x^2 + x$, Definitionsmenge: $D = \mathbb{R} \setminus \{-1; 0\}$
Normalform: $x^2 + 2x - 8 = 0$
Lösungsmenge: $\mathbb{L} = \{-4; 2\}$

g) Hauptnenner: $8x^2 - 2$, Definitionsmenge: $D = \mathbb{R} \setminus \{-0{,}5; 0{,}5\}$
Normalform: $x^2 + 1{,}5x - 2{,}5 = 0$
Lösungsmenge: $\mathbb{L} = \{-2{,}5; 1\}$

Lösungen

     h) Hauptnenner: $x^2 - 4$, Definitionsmenge: $D = \mathbb{R} \setminus \{-2; 2\}$
     Normalform: $x^2 + 40x + 39 = 0$
     Lösungsmenge: $\mathbb{L} = \{-1; -39\}$

70. Die gesuchte Zahl sei x.
    Ansatz: $2x + (x + 3)^2 = 74$
    Lösungen: $x_1 = 5$ und $x_2 = -13$
    Die gesuchte reelle Zahl lautet 5 oder -13.

71. Die gesuchte Zahl sei x.
    Ansatz: $x(x - 2) = 143$
    Lösungen: $x_1 = 13$ und $x_2 = -11$
    Die gesuchte natürliche Zahl lautet 13.

72. Die gesuchten Zahlen sind x und x + 10.
    Ansatz: $x^2 + (x + 10)^2 = 850$
    Lösungen: $x_1 = 15$ und $x_2 = -25$
    Die gesuchten Zahlen lauten 15 und 25 oder -25 und -15.

73. Die gesuchten Zahlen sind x und x + 3.
    Ansatz: $x(x + 3) = 868$
    Lösungen: $x_1 = 28$ und $x_2 = -31$
    Die gesuchten Zahlen lauten 28 und 31 oder -31 und -28.

74. Der gesuchte Bruch sei x.
    Ansatz: $x + \dfrac{1}{x} = \dfrac{25}{12}$
    Lösungen: $x_1 = \dfrac{3}{4}$ und $x_2 = \dfrac{4}{3}$
    Der gesuchte Bruch ist entweder $\dfrac{3}{4}$ oder $\dfrac{4}{3}$.

75. Die Zehnerziffer sei x, dann ist die Einerziffer $5 - x$.
    Ansatz: $x(10x + 5 - x) = 46$
    Lösungen: $x_1 = 2$ und $x_2 = -\dfrac{23}{9}$
    Ziffern sind immer natürliche Zahlen, sie lauten somit 2 als Zehnerziffer und 3 als Einerziffer. Also ist 23 die gesuchte Zahl.

Lösungen

76. Die Zehnerziffer sei x, dann ist die Einerziffer $7 - x$.
    Ansatz: $(10x + 7 - x)(10(7 - x) + x) = 976$
    Lösungen: $x_1 = 6$ und $x_2 = 1$
    Die gesuchte Zahl lautet entweder 61 oder 16.
77. Eine Rechteckseite sei x, dann ist die andere Seite $x + 6$.
    Ansatz: $x(x + 6) = 216$
    Lösungen: $x_1 = 12$ und $x_2 = 18$
    Die Rechteckseiten messen 12 cm und 18 cm, bzw. 18 cm und 12 cm.
78. Eine Rechteckseite sei x, dann ist die andere Seite $56 : 2 - x = 28 - x$.
    Ansatz: $20^2 = x^2 + (28 - x)^2$
    Lösungen: $x_1 = 16$ und $x_2 = 12$
    Die Rechteckseiten messen 16 cm und 12 cm, bzw. 12 cm und 16 cm.
79. Eine Rechteckseite sei x, dann ist die andere Seite $32 : 2 - x = 16 - x$.
    Ansatz: $x(16 - x) = 63$
    Lösungen: $x_1 = 9$ und $x_2 = 7$
    Die Rechteckseiten messen 9 cm und 7 cm, bzw. 7 cm und 9 cm.
80. Die kürzeste Kathete sei x, dann ist die zweite Kathete $x + 2$ und die Hypotenuse als längste Seite $x + 4$.
    Ansatz: $(x + 4)^2 = x^2 + (x + 2)^2$
    Lösungen: $x_1 = -2$ und $x_2 = 6$
    Da -2 als Seitenlänge entfällt, bringt die 2. Lösung die Seitenlängen 6 cm, 8 cm und 10 cm.
81. Eine Kathete sei x, dann ist die andere Kathete $x + 7$ und die Hypotenuse $30 - x - x - 7 = 23 - 2x$.
    Ansatz: $(23 - 2x)^2 = x^2 + (x + 7)^2$
    Lösungen: $x_1 = 48$ und $x_2 = 5$
    Da 48 größer als der Umfang ist, entfällt dieser Wert als Seitenlänge.
    Die 2. Lösung bringt die gesuchten Seitenlängen 5 cm, 12 cm und 13 cm.
82. Die Höhe sei x, dann ist die Grundseite $x + 2$.
    Ansatz: $31,5 = \dfrac{x(x + 2)}{2}$

Lösungen

Lösungen: $x_1 = -9$ und $x_2 = 7$
Da -9 als Seitenlänge entfällt, mißt die Höhe 7 cm und die Grundseite 9 cm.

83. Die Quadratseite sei x, dann sind die Rechteckseiten $x - 1$ und $2x$.
Ansatz: $x^2 + 24 = 2x(x - 1)$
Lösungen: $x_1 = -4$ und $x_2 = 6$
Da -4 als Seitenlänge entfällt, ist 6 cm einzige Lösung für die Quadratseite.

84. Die Quadratseite sei x, dann sind die Rechteckseiten $x : 2$ und $x + 2$.
Ansatz: $x^2 - 24 = \frac{x}{2}(x + 2)$
Lösungen: $x_1 = -6$ und $x_2 = 8$
Da -6 als Seitenlänge entfällt, ist 8 cm einzige Lösung für die Quadratseite.

85. Die ursprüngliche Kantenlänge sei x, die neue Kantenlänge $x + 1$.
Ansatz: $x^3 + 91 = (x + 1)^3$
Lösungen: $x_1 = -6$ und $x_2 = 5$
Da -6 als Kantenlänge entfällt, ist 5 cm einzige Lösung.

86. Die ursprüngliche Kantenlänge sei x, die neue Kantenlänge $x - 2$.
Ansatz: $x^3 - 2168 = (x - 2)^3$
Lösungen: $x_1 = 20$ und $x_2 = -18$
Da -18 als Kantenlänge entfällt, ist 20 cm einzige Lösung.

87. Die erste Kathetenlänge sei x, dann ist die zweite Kathetenlänge $108 : x$ und die Hypotenusenlänge $36 - x - 108 : x$.
Ansatz: $(36 - x - \frac{108}{x})^2 = x^2 + (\frac{108}{x})^2$
Lösungen: $x_1 = 12$ und $x_2 = 9$
Die Kathetenlängen sind 12 cm und 9 cm, bzw. 9 cm und 12 cm, die Hypotenusenlänge ist 15 cm.

88. Die erste Kathetenlänge sei x, dann ist die zweite Kathetenlänge $60 : x$ und die Hypotenusenlänge $30 - x - 60 : x$.
Ansatz: $(30 - x - \frac{60}{x})^2 = x^2 + (\frac{60}{x})^2$
Lösungen: $x_1 = 12$ und $x_2 = 5$

Lösungen

Die Kathetenlängen sind 12 cm und 5 cm, bzw. 5 cm und 12 cm, die Hypotenusenlänge ist 13 cm.

89. a) Ansatz: $(x + 6)^2 = (x + 3)^2 + x^2$
    Lösungen: $x_1 = 9$ und $x_2 = -3$
    Da -3 als Längenmaßzahl entfällt, sind 9, 12 und 15 die gesuchten Maßzahlen.
    b) Ansatz: $(x + 16)^2 = (x + 14)^2 + x^2$
    Lösungen: $x_1 = 10$ und $x_2 = -6$
    Da -6 als Längenmaßzahl entfällt, sind 10, 24 und 26 die gesuchten Maßzahlen.

90. Ansatz: $(x + 15)^2 = (x + 11)^2 + (x + 7)^2$
    Lösungen: $x_1 = 5$ und $x_2 = -11$
    Mit $x = 5$ ergeben sich die Maßzahlen der Diagonalenlängen zu $5 + 16 = 21$ und zu $2 \cdot (5 + 7) = 24$. Die Maßzahlen der Seitenlängen sind $5 + 15 = 20$ und $\sqrt{5^2 + 12^2} = 13$.

91. a) Ansatz: $24 = \dfrac{x + 1 + x + 3}{2} \cdot x$
    Lösungen: $x_1 = 4$ und $x_2 = -6$
    Die positive Lösung $x = 4$ bringt die gesuchte Höhe mit 4 cm und die Grundseiten mit 5 cm und 7 cm.
    b) Ansatz: $20 = \dfrac{x + x + 6}{2} \cdot (x + 2)$
    Lösungen: $x_1 = 2$ und $x_2 = -7$
    Die positive Lösung $x = 2$ bringt die zweite Grundseite mit 8 cm und die Höhe mit 4 cm.

92. a) $\mathbb{L} = \{-8; 8\}$
    b) $\mathbb{L} = \{-\sqrt{5}; \sqrt{5}\}$
    c) $\mathbb{L} = \{-\dfrac{2}{5}; \dfrac{2}{5}\}$
    d) $\mathbb{L} = \{-\dfrac{1}{3}; \dfrac{1}{3}\}$
    e) $\mathbb{L} = \{-3; 3\}$
    f) $\mathbb{L} = \{-0{,}2; 0{,}2\}$

93. a) $\mathbb{L} = \{-4\sqrt{5}; 4\sqrt{5}\}$
    b) $\mathbb{L} = \{-3\sqrt{7}; 3\sqrt{7}\}$
    c) $\mathbb{L} = \{-\dfrac{\sqrt{3}}{3}; \dfrac{\sqrt{3}}{3}\}$
    d) $\mathbb{L} = \{-\dfrac{2\sqrt{5}}{5}; \dfrac{2\sqrt{5}}{5}\}$

Lösungen

  e) $\mathbb{L} = \{-\frac{5\sqrt{6}}{21}; \frac{5\sqrt{6}}{21}\}$ f) $\mathbb{L} = \{-\frac{3\sqrt{15}}{25}; \frac{3\sqrt{15}}{25}\}$

94. a) $\mathbb{L} = \{-1; 8\}$ b) $\mathbb{L} = \{-5\}$
  c) $\mathbb{L} = \{-9; 1\}$ d) $\mathbb{L} = \{\ \}$
  e) $\mathbb{L} = \{-6{,}5; 1{,}5\}$ f) $\mathbb{L} = \{0{,}4; 0{,}7\}$

95. a) $\mathbb{L} = \{\frac{1}{3}; \frac{1}{5}\}$ b) $\mathbb{L} = \{\frac{1}{2}; \frac{2}{3}\}$
  c) $\mathbb{L} = \{-\frac{1}{4}; -\frac{1}{3}\}$ d) $\mathbb{L} = \{-\frac{5}{8}; \frac{1}{8}\}$
  e) $\mathbb{L} = \{-\frac{1}{7}; \frac{3}{7}\}$ f) $\mathbb{L} = \{\frac{4}{9}; \frac{2}{3}\}$

96. a) $\mathbb{L} = \{5; 3\}$ b) $\mathbb{L} = \{-1; 11\}$
  c) $\mathbb{L} = \{-4; 2\}$

97. a) $D = \mathbb{R} \setminus \{0\}$; $\mathbb{L} = \{1{,}5; 2\}$
  b) $D = \mathbb{R} \setminus \{-1; 1\}$; $\mathbb{L} = \{-3; 5\}$

98. a) $x^2 - x - 12 = 0$ b) $x^2 - 0{,}7x + 0{,}1 = 0$
  c) $x^2 + 6{,}7x + 7{,}8 = 0$ d) $x^2 - 6{,}9x + 10{,}8 = 0$

99. a) $x_2 = -5$; $p = 6$ b) $x_2 = -1$; $q = -18$
  c) $x_2 = 0{,}2$; $q = 0{,}16$ d) $x_2 = -3$; $p = -0{,}5$

100. a) Die Gleichung besitzt
   für $4 - k < 0$, d. h., für $k > 4$ keine Lösung,
   für $4 - k = 0$, d. h., für $k = 4$ genau eine Lösung
   und für $4 - k > 0$, d., h. für $k < 4$ zwei Lösungen.
  b) Die Gleichung besitzt
   für $a^2 - 4 < 0$, d. h., für $a < -2$ oder $a > 2$ keine Lösung,
   für $a^2 - 4 = 0$, d. h., für $a = -2$ oder $a = 2$ genau eine Lösung
   und für $a^2 - 4 > 0$, d. h., für $-2 < a < 2$ zwei Lösungen.

101. Die gesuchte Zahl sei x.
  Ansatz: $x^2 + (x-1)^2 = 17 \cdot (x-2)$
  Lösungen: $x_1 = 2{,}5$ und $x_2 = 7$
  Da eine natürliche Zahl gesucht ist, ist 7 die einzige Lösung.

Lösungen

102. Der Nenner des Bruches sei x, dann ist der Zähler x − 2.

    Ansatz: $\dfrac{x-2}{x} + \dfrac{x+3}{x+5} = \dfrac{14}{10}$

    Lösungen: $x_1 = -\dfrac{10}{3}$ und $x_2 = 5$

    Zähler und Nenner eines Bruches müssen ganzzahlig sein. Somit lautet der gesuchte Bruch $\dfrac{3}{5}$.

103. a) Ansatz: $192 = \dfrac{(x+8) \cdot x}{2}$

    Lösungen: $x_1 = -24$ und $x_2 = 16$

    Da die negative Lösung entfällt, mißt die Höhe h = 16 cm und die Grundseite g = 24 cm.

    Die Schenkellänge mißt $a = \sqrt{16^2 + 12^2} = 20$ cm.

    b) Ansatz: $240 = (x+15)(x+7)$

    Lösungen: $x_1 = 5$ und $x_2 = -27$

    Da die negative Lösung entfällt, ist x = 5 einzige Lösung. Somit mißt die Höhe h = 12 cm und die Grundseite g = 20 cm.

    Die Seitenlänge a = d mißt $a = \sqrt{12^2 + 5^2} = 13$ cm.

104. a) $x^2 = 2{,}25 \Rightarrow x_1 = -1{,}5$ und $x_2 = 1{,}5$

    b) $y = 1{,}5^2 \Rightarrow y = 2{,}25$

    c) $x^2 = 16 \Rightarrow x_1 = -4$ und $x_2 = 4$

105. a) $(-1)^2 = 1 \Rightarrow$ P gehört zur Normalparabel.

    b) $3{,}5^2 = 12{,}25 \Rightarrow$ Q gehört nicht zur Normalparabel.

    c) $(-0{,}4)^2 = 0{,}16 \Rightarrow$ R gehört zur Normalparabel.

106. a) Es handelt sich um eine um 1 Einheit nach oben verschobene Normalparabel mit dem Scheitel S(0/1).

    b) Es handelt sich um eine um 2 Einheiten nach unten verschobene Normalparabel mit dem Scheitel S(0/−2).

    c) Es handelt sich um eine um 3 Einheiten nach oben verschobene Normalparabel mit dem Scheitel S(0/3).

Lösungen

107. a) $y = x^2 + 3{,}5$ b) $y = x^2 - 7$ c) $y = x^2 - 1{,}5$

108. a) $7 = (-3)^2 + c \Rightarrow c = -2$ und $y = x^2 - 2$

b) $5 = (1)^2 + c \Rightarrow c = 4$ und $y = x^2 + 4$

c) $-1 = (-2)^2 + c \Rightarrow c = -5$ und $y = x^2 - 5$

109.

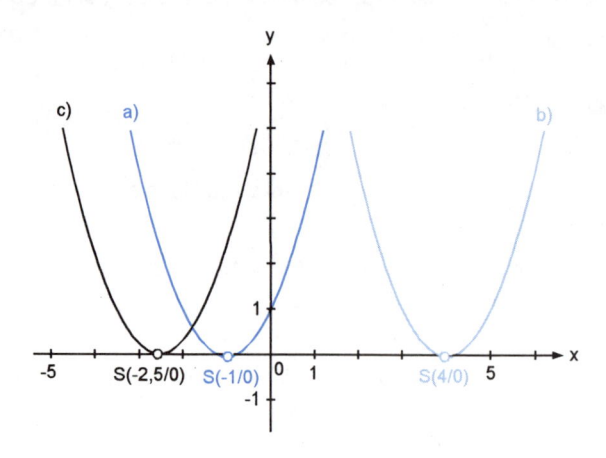

[Grafik: Parabeln mit Scheitelpunkten c) S(-2,5/0), a) S(-1/0), b) S(4/0)]

110. a) $y = (x + 4)^2$ b) $y = (x - 5)^2$ c) $y = (x - 3{,}5)^2$

111. a) $1 = (4 + d)^2 \Rightarrow d_1 = -3$ und $d_2 = -5$

Es gibt zwei Lösungen: $y = (x - 3)^2$ und $y = (x - 5)^2$.

b) $9 = (0 + d)^2 \Rightarrow d_1 = -3$ und $d_2 = 3$

Es gibt zwei Lösungen: $y = (x - 3)^2$ und $y = (x + 3)^2$.

c) $1 = (-2 + d)^2 \Rightarrow d_1 = 1$ und $d_2 = 3$

Es gibt zwei Lösungen: $y = (x + 1)^2$ und $y = (x + 3)^2$.

Lösungen

112.

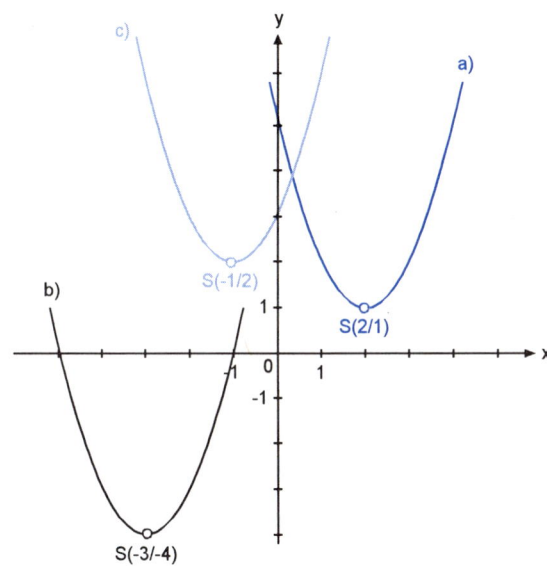

113. a) $y = (x-4)^2 + 3$ b) $y = (x+5)^2 - 2$ c) $y = (x+1)^2 + 4$

114. a) $7 = (x-2)^2 + 3$ $\Rightarrow$ $x_1 = 0$ und $x_2 = 4$
 b) $3 = (x-2)^2 + 3$ $\Rightarrow$ $x = 2$
 c) $4 = (x-2)^2 + 3$ $\Rightarrow$ $x_1 = 1$ und $x_2 = 3$

115. a) $y = (x+1)^2 - 3$ $\Rightarrow$ $S(-1 / -3)$
 b) $y = (x-2)^2 - 1$ $\Rightarrow$ $S(2 / -1)$
 c) $y = (x+2,5)^2 + 2$ $\Rightarrow$ $S(-2,5 / 2)$
 d) $y = (x-0,5)^2 - 3,5$ $\Rightarrow$ $S(0,5 / -3,5)$
 e) $y = (x-3,5)^2 + 1$ $\Rightarrow$ $S(3,5 / 1)$
 f) $y = (x+2)^2 - 4$ $\Rightarrow$ $S(-2 / -4)$

116. a) $y = (x-3)^2 + 1$ $\Rightarrow$ $y = x^2 - 6x + 10$
 b) $y = (x+2)^2 + 5$ $\Rightarrow$ $y = x^2 + 4x + 9$
 c) $y = (x-2,5)^2 - 1,5$ $\Rightarrow$ $y = x^2 - 5x + 4,75$

Lösungen

117. a) $8 = x^2 + 3x - 2 \Rightarrow x_1 = -5$ und $x_2 = 2$
 b) $y = 3^2 + 3 \cdot 3 - 2 \Rightarrow y = 16$
 c) $-4 = x^2 + 3x - 2 \Rightarrow x_1 = -1$ und $x_2 = -2$

118. a) y-Achse: S(0/3)
 x-Achse (Nullstellen): $N_1(1/0)$, $N_2(3/0)$
 b) y-Achse: S(0/0)
 x-Achse (Nullstellen): $N_1(0/0)$, $N_2(2/0)$
 c) y-Achse: S(0/5)
 x-Achse (Nullstellen): $N_1(-5/0)$, $N_2(-1/0)$
 d) y-Achse: S(0/16)
 x-Achse (Nullstellen): $N(-4/0)$

119. $0 = x^2 + 2kx + 4 \Rightarrow x_{1/2} = -k \pm \sqrt{k^2 - 4} \Rightarrow k = -2$ oder $k = 2$

120. $0 = x^2 - 6x + q \Rightarrow x_{1/2} = 3 \pm \sqrt{9 - q}$
 Die Parabel besitzt keine Nullstelle für $q > 9$.
 Die Parabel besitzt genau eine Nullstelle für $q = 9$.
 Die Parabel besitzt zwei Nullstellen für $q < 9$.

121. Einsetzen der Bedingung $x = 0$:
 $y = 0^2 + p \cdot 0 + q \Rightarrow y = q$
 Jede Parabel $y = x^2 + px + q$ scheidet die y-Achse bei S(0/q).

122. a) P: $4 = 4 + 2p + q$
 Q: $-2 = 1 - p + q$
 $p = 1$ und $q = -2 \Rightarrow y = x^2 + x - 2$
 b) P: $2 = 1 + p + q$
 Q: $-4 = 4 - 2p + q$
 $p = 3$ und $q = -2 \Rightarrow y = x^2 + 3x - 2$
 c) P: $18 = 9 - 3p + q$
 Q: $6 = 1 - p + q$
 $p = -2$ und $q = 3 \Rightarrow y = x^2 - 2x + 3$

Lösungen

d) P: $7 = 4 - 2p + q$
Q: $1 = 1 + p + q$
$p = -1$ und $q = 1$ $\Rightarrow$ $y = x^2 - x + 1$

123. a) $3 = 4a$ $\Rightarrow$ $a = \frac{3}{4}$ und $y = \frac{3}{4}x^2$

b) $-3 = 4a$ $\Rightarrow$ $a = -\frac{3}{4}$ und $y = -\frac{3}{4}x^2$

c) $0,5 = 1a$ $\Rightarrow$ $a = \frac{1}{2}$ und $y = \frac{1}{2}x^2$

124. a) $4,5 = 2x^2$ $\Rightarrow$ $x_1 = -1,5$ und $x_2 = 1,5$

b) $8 = 2x^2$ $\Rightarrow$ $x_1 = -2$ und $x_2 = 2$

c) $y = 2 \cdot (-3)^2$ $\Rightarrow$ $y = 18$

125. a) $3 = -\frac{1}{3} \cdot 3^2$ $\Leftrightarrow$ $3 = -3$

Der Punkt P gehört nicht zur Parabel.

b) $-\frac{3}{4} = -\frac{1}{3} \cdot (\frac{3}{2})^2$ $\Leftrightarrow$ $-\frac{3}{4} = -\frac{3}{4}$

Der Punkt Q gehört zur Parabel.

c) $-\frac{1}{12} = -\frac{1}{3} \cdot (-\frac{1}{2})^2$ $\Leftrightarrow$ $-\frac{1}{12} = -\frac{1}{12}$

Der Punkt R gehört zur Parabel.

126. a) $y = 3(x-1)^2 + 2$, $S(1/2)$

b) $y = -(x+0,5)^2 + 0,25$, $S(-0,5/0,25)$

c) $y = -\frac{1}{6}(x-1)^2 - \frac{1}{3}$, $S(1/-\frac{1}{3})$

d) $y = \frac{3}{5}(x-\frac{2}{3})^2 - \frac{1}{5}$, $S(\frac{2}{3}/-\frac{1}{5})$

127. a) Einsetzen in Scheitelpunktform: $1 = a(0-2)^2 + 3$ $\Rightarrow$ $a = -\frac{1}{2}$

Die Parabelgleichung lautet: $y = -\frac{1}{2}(x-2)^2 + 3$

und umgeformt: $y = -\frac{1}{2}x^2 + 2x + 1$.

Lösungen

      b) Einsetzen in Scheitelpunktform: $3 = a(2-1)^2 - 1 \Rightarrow a = 4$
          Die Parabelgleichung lautet: $y = 4(x-1)^2 - 1$
          und umgeformt: $y = 4x^2 - 8x + 3$

128. a) $y = 2(x+3)^2 + 1 \Leftrightarrow y = 2x^2 + 12x + 19$
      b) $y = -3(x-4)^2 + 2 \Leftrightarrow y = -3x^2 + 24x - 46$

129. a) Ein Schnittpunkt: S(1/3)
      b) Ein Schnittpunkt: S(0/4)
      c) Zwei Schnittpunkte: $S_1(-1/-1)$ und $S_2(4/4)$
      d) Zwei Schnittpunkte: $S_1(0/-4)$ und $S_2(6/-4)$

130. a) $y = (x+4)^2 \Leftrightarrow y = x^2 + 8x + 16$
      b) $y = x^2 + 2$
      c) $y = (x-5)^2 \Leftrightarrow y = x^2 - 10x + 25$
      d) $y = (x-3)^2 - 4 \Leftrightarrow y = x^2 - 6x + 5$
      e) $y = x^2 - 2$
      f) $y = (x+5)^2 - 3 \Leftrightarrow y = x^2 + 10x + 22$

131. a) $y = x^2 + 3$
      b) $y = (x+2)^2 \Leftrightarrow y = x^2 + 4x + 4$
      c) $y = (x-3)^2 - 4 \Leftrightarrow y = x^2 - 6x + 5$
      d) $y = (x+5)^2 + 1 \Leftrightarrow y = x^2 + 10x + 26$
      e) $y = 3x^2$
      f) $y = -0{,}5x^2$
      g) $y = 1{,}5(x-1)^2 - 2 \Leftrightarrow y = 1{,}5x^2 - 3x - 0{,}5$

132. a) $2 = 4 + c \Rightarrow c = -2$ und $y = x^2 - 2$
      b) $1 = 1 + c \Rightarrow c = 0$ und $y = x^2$

133. a) $1 = (2 + d)^2 \Rightarrow d_1 = -3$ und $d_2 = -1$
         Es gibt zwei Parabeln: $y = (x-3)^2$ und $y = (x-1)^2$
      b) $4 = (-3 + d)^2 \Rightarrow d_1 = 1$ und $d_2 = 5$
         Es gibt zwei Parabeln: $y = (x+1)^2$ und $y = (x+5)^2$

Lösungen

134. a) $y = (x - 1)^2 + 1 \Rightarrow S(1/1)$
 b) $y = (x + 1)^2 + 2 \Rightarrow S(-1/2)$
 c) $y = (x + 0{,}4)^2 + 0{,}2 \Rightarrow S(-0{,}4/0{,}2)$
 d) $y = (x - 0{,}5)^2 - 0{,}25 \Rightarrow S(0{,}5/-0{,}25)$

135. a) $y = \frac{3}{8}(x + \frac{2}{5})^2 + \frac{11}{25} \Rightarrow S(-\frac{2}{5}/\frac{11}{25})$
 b) $y = -\frac{1}{3}(x - \frac{1}{3})^2 + \frac{1}{27} \Rightarrow S(\frac{1}{3}/\frac{1}{27})$

136. a) $y = 2^2 + 2 \cdot 2 - 3 \Rightarrow y = 5$
 b) $4 = 2x^2 - 4x - 2 \Rightarrow x_1 = -1$ und $x_2 = 3$
 c) $-1 = -3x^2 + 5x + 1 \Rightarrow x_1 = -\frac{1}{3}$ und $x_2 = 2$

137. a) y-Achse: $S(0/-8)$
 x-Achse (Nullstellen): $N_1(-4/0)$ und $N_2(2/0)$
 b) y-Achse: $S(0/-6)$
 x-Achse (Nullstellen): $N_1(-6/0)$ und $N_2(1/0)$

138. a) $0 = x^2 - 6ax + 9 \Rightarrow x_{1/2} = 3a \pm \sqrt{9a^2 - 9}$
 Die Parabel besitzt für $a = -1$ oder für $a = 1$ genau eine Nullstelle.
 b) $0 = x^2 + 8x + q \Rightarrow x_{1/2} = -4 \pm \sqrt{16 - q}$
 Die Parabel besitzt für $q = 16$ genau eine Nullstelle.

139. a) P: $5 = 4 + 2p + q$
 Q: $-1 = 1 - p + q$
 $p = 1$ und $q = -1 \Rightarrow y = x^2 + x - 1$
 b) P: $3 = 4 - 2p + q$
 Q: $-2 = 9 + 3p + q$
 $p = -2$ und $q = -5 \Rightarrow y = x^2 - 2x - 5$

Lösungen

140. a) A: $2 = c$
B: $2 = 4a + 2b + c$
C: $14 = 36a + 6b + c$
$a = 0{,}5$; $b = -1$; $c = 2$ $\Rightarrow$ $y = 0{,}5x^2 - x + 2$
b) A: $-7 = a - b + c$
B: $3 = a + b + c$
C: $-1 = 4a + 2b + c$
$a = -3$; $b = 5$; $c = 1$ $\Rightarrow$ $y = -3x^2 + 5x +$
141. a) $S_1(1/1)$, $S_2(4/4)$
b) $S_1(1/-1)$, $S_2(-2/2)$
142. a) 3^5 b) 5^3
c) 7^4 d) 12^2
e) x^5 f) a^3
g) c^7 h) y^2
143. a) $3 \cdot 3 \cdot 3 \cdot 3 = 81$ b) $5 \cdot 5 \cdot 5 \cdot 5 = 625$
c) $2 \cdot 2 \cdot 2 \cdot 2 \cdot 2 \cdot 2 \cdot 2 \cdot 2 \cdot 2 \cdot 2 = 1024$
d) $10 \cdot 10 = 100$
e) $4 \cdot 4 \cdot 4 = 64$ f) $7 \cdot 7 \cdot 7 = 343$
g) $6 \cdot 6 \cdot 6 \cdot 6 = 1296$ h) $8 \cdot 8 \cdot 8 = 512$
144. a) 1 b) 4
c) 0 d) 7
e) 0 f) 1
145. a) 81 b) -243
c) 32 d) -32
e) 10000 f) 10000
g) $-0{,}00032$ h) $0{,}125$
i) $-3{,}375$ k) $0{,}0001$
146. a) -7^{23} b) 7^{18}
c) 12^{32} d) -12^{27}
e) -3^{15} f) 3^{20}

Lösungen

147. a) a^8 b) y^7 c) x^7
 d) 2^{4x} e) 5^{n+7} f) 7^{5a+2}
 g) $24x^8$ h) $28a^6$ i) $6x^{5n+2}$
 k) x^4 l) $\dfrac{1}{a^2}$ m) $2u^6$
 n) $\dfrac{4}{x^6}$ o) 2^{2x+1} p) $\dfrac{1}{5^{n+2}}$

148. a) 21^5 b) 10^8 c) $(18xy)^3$
 d) $(2ab)^6$ e) $(21abc)^{2x}$ f) $(0{,}6mn)^{x+1}$
 g) $(14abc)^3$ h) $7{,}2^x$ i) $(8xyz)^{3u}$
 k) 6^5 l) $\left(\dfrac{1}{7}\right)^7$ m) $\left(\dfrac{3}{8}\right)^8$
 n) $1^7 = 1$ o) $\left(\dfrac{2}{3}\right)^{2n}$ p) 2^a

149. a) $16x^2$ b) $16a^4$ c) $-125m^3$
 d) $36y^2$ e) $216x^3y^3$ f) $16a^2b^2c^2$
 g) $\dfrac{x^2}{4}$ h) $\dfrac{125a^3}{27}$ i) $\dfrac{16a^4}{81b^4}$
 k) $-\dfrac{m^5}{32n^5}$ l) $\dfrac{8}{27}x^3$ m) $\dfrac{1}{16}a^4b^4$

150. a) $36x^6y^4z^{10}$ b) $625a^{12}b^4c^8$ c) $32u^5v^{15}w^{10}$
 d) $-216b^6c^{12}$ e) $1296a^{16}b^8c^4$ f) $u^{12}v^6x^6y^{12}z^6$
 g) $8x^3y^6 \cdot x^8y^4 = 8x^{11}y^{10}$
 h) $9a^6b^4 \cdot 8a^3b^9 = 72a^9b^{13}$
 i) $(-8u^6) \cdot (-27u^9) = 216u^{15}$
 k) $\dfrac{9a^6b^2}{25c^2}$ l) $\dfrac{x^4y^8}{81v^{16}}$ m) $\dfrac{1}{64a^6b^9}$
 n) $\dfrac{49s^6t^4}{81w^2}$ o) $-\dfrac{1}{32a^{15}b^5c^{10}}$ p) $\dfrac{27x^6y^3}{512z^{12}}$

Lösungen

151. a) a^3b^2 b) m^4n^4 c) $x^{10}y^{10}$
 d) $90r^4s^4$ e) $120x^6y^6$ f) $0{,}126a^8b^9$
 g) $0{,}6m^7n^5$ h) $\dfrac{2}{9}a^9b^9$ i) $0{,}06a^8b^5c^5$
 k) $0{,}25x^{10}y^9z^7$

152. a) $\dfrac{4x^2z^3}{3y}$ b) $\dfrac{9t^3}{7rs}$ c) $\dfrac{4xy^3z^5}{3}$
 d) $\dfrac{a^3}{b}$ e) $\dfrac{a^3}{b}$ f) $\dfrac{3x^3}{y}$

153. a) $\dfrac{ab}{c^2}$ b) $\dfrac{729ab}{1250c^2}$ c) $\dfrac{1}{ab}$
 d) a^2b^2

154. a) $14a^3 - 6a^2 - 3a$ b) $5m^3 + 2m^2 - 3m$
 c) $10a^2b$ d) $a^3b^2 - a^2b^3$
 e) $5x^4y$

155. a) $2a^4b^3$ b) $a^4b^4 + a^4b^3$
 c) $x^2y^5 - x^3y^4$ d) 0
 e) $b^{10} - b^9 - b^6 + b^5$ f) $a^{12} + a^{11} + a^9 + a^8$
 g) $a^{12}b^4 - a^{10}b^8 - a^5b^6 + a^3b^{10}$

156. a) $7a^2b(3ab - 2b^3 + 5c)$ b) $5xyz(5x^2y + 6xz^2 - 4y^2z)$
 c) $2mn(6m^2 - 8n^2 + 10mn - 5)$
 d) $6abc^2(3a - 4bc + 2a^2b^2c - c^3)$

157. a) $4x^6 - 4x^3y^2 + y^4$ b) $9a^4b^2 + 12a^3b^3 + 4a^2b^4$
 c) $25m^4 - 40m^3n^3 + 16m^2n^6$ d) $x^4 - y^6$
 e) $4a^4 - 9b^6$ f) $49x^4y^2 + 70x^3y^4 + 25x^2y^6$

158. a) $(2a + 3b)^2$ b) $(5m - 8n)^2$
 c) $(7a + 5b)(7a - 5b)$ d) $(4x^2 + 3y^2)(4x^2 - 3y^2)$
 e) $(3a^3 + ab)^2$ f) $(x^2y - xy^2)^2$

Lösungen

159. a) $\dfrac{x^7(x^2 + 2x + 1)}{x^5(x + 1)} = \dfrac{x^7(x + 1)^2}{x^5(x + 1)} = x^2(x + 1) = x^3 + x^2$

b) $\dfrac{b^3(b^2 + 2b + 1)}{b^2(b + 1)} = \dfrac{b^3(b + 1)^2}{b^2(b + 1)} = b(b + 1) = b^2 + b$

c) $\dfrac{4m^6(m^2 + 2m + 1)}{4m^3(m + 1)} = \dfrac{4m^6(m + 1)^2}{4m^3(m + 1)} = m^3(m + 1) = m^4 + m^3$

d) $\dfrac{7n^4(1 - 2n^2 + n^4)}{n^2(1 - n^2)} = \dfrac{7n^4(1 - n^2)^2}{n^2(1 - n^2)} = 7n^2(1 - n^2) = 7n^2 - 7n^4$

e) $\dfrac{m^2 n^2 (m - n)}{(m - n)(m + n)} = \dfrac{m^2 n^2}{m + n}$

f) $\dfrac{15 a^2 b^2 (a - b)}{5a(a^2 - 2ab + b^2)} = \dfrac{15 a^2 b^2 (a - b)}{5a(a - b)^2} = \dfrac{3ab^2}{a - b}$

160. a) $\dfrac{1}{2^5} = \dfrac{1}{32} = 0{,}03125$ b) $\dfrac{1}{3^2} = \dfrac{1}{9}$

c) $\dfrac{1}{10^4} = \dfrac{1}{10000} = 0{,}0001$ d) $\dfrac{1}{5^3} = \dfrac{1}{125} = 0{,}008$

e) $7^2 = 49$ f) $2^4 = 16$

g) $\left(\dfrac{5}{2}\right)^3 = \dfrac{125}{8} = 15{,}625$ h) $\left(\dfrac{3}{10}\right)^5 = \dfrac{243}{100000} = 0{,}0243$

161. a) $\dfrac{1}{a^7}$ b) $\dfrac{1}{b^3}$ c) $\dfrac{3}{x^2}$

d) $\dfrac{4}{a^6}$ e) $\dfrac{7y^2}{x^5}$ f) $\dfrac{2ac^2}{b^4 d^2}$

g) $\dfrac{y^7}{x^2 z^3}$ h) $\dfrac{4n^6 p^4}{mo^2}$

162. a) 5^{-2} b) 10^{-3} c) 7^{-1}

d) 3^{-5} e) a^{-5} f) $x^{-2} y^{-3}$

g) $m^{-3} n^{-1} o^{-5}$ h) $a^{-2} b^{-3} c^{-1}$

163. a) $3xy^{-2}$ b) $5a^{-2} b^{-1}$

Lösungen

c) $5m^2n^{-4}p^{-3}$
d) $3u^5v^2w^{-3}$
e) $5a^2bcd^{-1}e^{-2}f^{-1}$
f) $8xy^2u^{-2}v^{-1}w^{-3}$
g) $3^{-1}ab^2c^{-2}d^{-1}e^{-1}$
h) $x^2ya^{-1}b^{-4}c^{-2}$

164. a) $\dfrac{4}{xy^2}$ b) $\dfrac{3}{a^2b}$ c) $\dfrac{6}{m^6n^7}$ d) $\dfrac{14b^7}{a^4}$

e) $\dfrac{3ab^4}{c}$ f) $\dfrac{3vw^4}{u^2}$ g) $\dfrac{2x^5}{y^7}$ h) $\dfrac{xy^3}{2}$

i) $\left(\dfrac{4a^2}{2a}\right)^{-4} = (2a^2)^{-4} = \dfrac{1}{16a^8}$

k) $\left(\dfrac{18uv^3}{9u^2v^2}\right)^{-2} = \left(\dfrac{2v}{u}\right)^{-2} = \left(\dfrac{u}{2v}\right)^2 = \dfrac{u^2}{4v^2}$

l) $\left(\dfrac{4x^2y^{-2}}{3ab^2} \cdot \dfrac{9a^2b^{-2}}{8xy^2}\right)^{-3} = \left(\dfrac{3ax}{2b^4y^4}\right)^{-3} = \left(\dfrac{2b^4y^4}{3ax}\right)^3 = \dfrac{8b^{12}y^{12}}{27a^3x^3}$

m) $\left(\dfrac{3uv^2}{m^{-2}n} \cdot \dfrac{m^2n^4}{6u^{-2}}\right)^{-5} = \left(\dfrac{m^4n^3u^3v^2}{2}\right)^{-5} = \left(\dfrac{2}{m^4n^3u^3v^2}\right)^5 = \dfrac{32}{m^{20}n^{15}u^{15}v^{10}}$

n) $81x^8y^{-20} \cdot \dfrac{1}{64}x^9y^6 = \dfrac{81x^{17}}{64y^{14}}$

o) $a^3b^6c^3 : \dfrac{1}{4}a^{-4}b^4c^{-2} = \dfrac{a^3b^6c^3 \cdot 4a^4c^2}{b^4} = 4a^7b^2c^5$

165. a) $\sqrt[3]{8} = 2$, denn $2^3 = 8$
b) $\sqrt[4]{81} = 3$, denn $3^4 = 81$
c) $\sqrt[3]{64} = 4$, denn $4^3 = 64$
d) $\sqrt[3]{0{,}125} = 0{,}5$, denn $0{,}5^3 = 0{,}125$
e) $\sqrt[4]{0{,}0001} = 0{,}1$, denn $0{,}1^4 = 0{,}0001$
f) $\sqrt[4]{0{,}0016} = 0{,}2$, denn $0{,}2^4 = 0{,}0016$
g) $\sqrt[5]{243} = 3$, denn $3^5 = 243$
h) $\sqrt[3]{216} = 6$, denn $6^3 = 216$

Lösungen

166. a) 2,11 b) 0,27 c) 2,15
 d) 1,38 e) 0,42 f) 2,03
 g) 1,71 h) 0,24

167. a) $a \approx 6{,}30$ cm b) $a \approx 2{,}33$ cm
 c) $a \approx 0{,}93$ cm d) $a \approx 2{,}19$ cm

168. a) $2 \cdot 3 = 6$ b) $4 \cdot 5 = 20$ c) $3 \cdot 2 = 6$
 d) $10 \cdot 5 = 50$ e) $\dfrac{1}{2}$ f) $\dfrac{3}{10}$
 g) $\dfrac{1}{10}$ h) $\dfrac{5}{6}$

169. a) $\sqrt[3]{8} = 2$ b) $\sqrt[4]{81} = 3$ c) $\sqrt[3]{125} = 5$
 d) $\sqrt[5]{32} = 2$ e) $\sqrt[3]{1000} = 10$ f) $\sqrt[4]{16} = 2$
 g) $\sqrt[4]{625} = 5$ h) $\sqrt[4]{16} = 2$ i) $\sqrt[4]{81} = 3$
 k) $\sqrt[3]{64} = 4$

170. a) $\sqrt[20]{3}$ b) $\sqrt[18]{a}$ c) $\sqrt[49]{7}$
 d) $\sqrt[6]{x}$ e) $\sqrt[8]{4m}$ f) $\sqrt[4]{3}$
 g) $\sqrt[2m]{a}$ h) $\sqrt[2n]{2}$

171. a) $2\sqrt[3]{4} - 3\sqrt[3]{5}$ b) $3\sqrt[4]{7} + 2\sqrt[5]{7}$
 c) $9\sqrt[4]{3} - 6\sqrt[3]{4}$ d) $5\sqrt[7]{5} - 5\sqrt{5} + 6\sqrt[3]{5}$
 e) $-4\sqrt{6} + 11\sqrt[6]{2} - 9\sqrt[6]{3}$ f) $-4\sqrt[3]{x} - 2\sqrt[3]{y}$
 g) $7\sqrt{a} - 5\sqrt[5]{a}$ h) $15\sqrt[n]{3} - 5\sqrt[m]{3}$

172. a) $\sqrt[3]{8 \cdot 3} = 2 \cdot \sqrt[3]{3}$ b) $\sqrt[3]{125 \cdot 3} = 5 \cdot \sqrt[3]{3}$
 c) $\sqrt[4]{81 \cdot 2} = 3 \cdot \sqrt[4]{2}$ d) $\sqrt[3]{64 \cdot 2} = 4 \cdot \sqrt[3]{2}$
 e) $\sqrt[4]{10000 \cdot 5} = 10 \cdot \sqrt[4]{5}$ f) $\sqrt[3]{1000 \cdot 3} = 10 \cdot \sqrt[3]{3}$

173. a) $a \cdot \sqrt[4]{3a^3}$ b) $2x \cdot \sqrt[3]{3x}$
 c) $ab \cdot \sqrt[5]{2ab^3}$ d) $3mn \cdot \sqrt[3]{2n}$
 e) $yz \cdot \sqrt[3]{xyz^3}$ f) $a^2 \cdot \sqrt[5]{5a^2b^4}$
 g) $x^2yz^2 \cdot \sqrt[3]{xyz^2}$ h) n^6
 i) a^3 k) x^5

Lösungen

174. a) $\sqrt[3]{8a}$ b) $\sqrt[4]{81x}$
c) $\sqrt[5]{a^5 \cdot a} = \sqrt[5]{a^6}$ d) $\sqrt[4]{x^4 \cdot x^2} = \sqrt[4]{x^6}$
e) $\sqrt[5]{32n^5 \cdot 3n^3} = \sqrt[5]{96n^8}$ f) $\sqrt[3]{27x^6 \cdot 2x} = \sqrt[3]{54x^7}$

175. a) $\dfrac{1 \cdot \sqrt[5]{4^4}}{\sqrt[5]{4} \cdot \sqrt[5]{4^4}} = \dfrac{\sqrt[5]{256}}{\sqrt[5]{4^5}} = \dfrac{\sqrt[5]{256}}{4}$

b) $\dfrac{1 \cdot \sqrt[4]{3^3}}{\sqrt[4]{3} \cdot \sqrt[4]{3^3}} = \dfrac{\sqrt[4]{27}}{\sqrt[4]{3^4}} = \dfrac{\sqrt[4]{27}}{3}$

c) $\dfrac{2 \cdot \sqrt[5]{a^4}}{\sqrt[5]{a} \cdot \sqrt[5]{a^4}} = \dfrac{2 \cdot \sqrt[5]{a^4}}{\sqrt[5]{a^5}} = \dfrac{2 \cdot \sqrt[5]{a^4}}{a}$

d) $\dfrac{x \cdot \sqrt[3]{x^2}}{\sqrt[3]{x} \cdot \sqrt[3]{x^2}} = \dfrac{x \cdot \sqrt[3]{x^2}}{\sqrt[3]{x^3}} = \dfrac{x \cdot \sqrt[3]{x^2}}{x} = \sqrt[3]{x^2}$

e) $\dfrac{3 \cdot \sqrt[5]{n^2}}{\sqrt[5]{n^3} \cdot \sqrt[5]{n^2}} = \dfrac{3 \cdot \sqrt[5]{n^2}}{\sqrt[5]{n^5}} = \dfrac{3 \cdot \sqrt[5]{n^2}}{n}$

f) $\dfrac{2 \cdot \sqrt[7]{a^3}}{\sqrt[7]{a^4} \cdot \sqrt[7]{a^3}} = \dfrac{2 \cdot \sqrt[7]{a^3}}{\sqrt[7]{a^7}} = \dfrac{2 \cdot \sqrt[7]{a^3}}{a}$

176. a) $\sqrt{81} = 9$ b) $\sqrt[10]{1024} = 2$
c) $\sqrt[3]{0{,}001} = 0{,}1$ d) $\sqrt[4]{0{,}0625} = 0{,}5$
e) $\sqrt[3]{\dfrac{1}{27}} = \dfrac{1}{3}$ f) $\sqrt[4]{\dfrac{1}{10000}} = \dfrac{1}{10}$
g) $\sqrt[5]{\dfrac{243}{1024}} = \dfrac{3}{4}$ h) $\sqrt[3]{\dfrac{125}{216}} = \dfrac{5}{6}$

177. a) $a^{\frac{1}{7}}$ b) $m^{\frac{1}{5}}$ c) $3^{\frac{1}{n}}$
d) $25^{\frac{1}{x}}$ e) $y^{\frac{1}{x}}$ f) $b^{\frac{1}{a}}$
g) $\left(\dfrac{1}{n}\right)^{\frac{1}{4}}$ h) $\left(\dfrac{3}{4}\right)^{\frac{1}{k}}$

Lösungen

178. a) $\sqrt[5]{32^3} = 8$ b) $\sqrt[4]{81^5} = 243$

     c) $\sqrt[4]{10000^3} = 1000$ d) $\sqrt[3]{0{,}008^4} = 0{,}0016$

     e) $\sqrt[3]{27^2} = 9$ f) $\sqrt[3]{0{,}125^2} = 0{,}25$

179. a) $\sqrt[3]{x} \cdot \sqrt[5]{x} = x^{\frac{1}{3}} \cdot x^{\frac{1}{5}} = x^{\frac{5+3}{15}} = x^{\frac{8}{15}} = \sqrt[15]{x^8}$

     b) $\sqrt{m} \cdot \sqrt[4]{m} = m^{\frac{1}{2}} \cdot m^{\frac{1}{4}} = m^{\frac{2+1}{4}} = m^{\frac{3}{4}} = \sqrt[4]{m^3}$

     c) $\sqrt[3]{a} : \sqrt[4]{a} = a^{\frac{1}{3}} : a^{\frac{1}{4}} = a^{\frac{4-3}{12}} = a^{\frac{1}{12}} = \sqrt[12]{a}$

     d) $\sqrt[n]{3} \cdot \sqrt[m]{3} = 3^{\frac{1}{n}} \cdot 3^{\frac{1}{m}} = 3^{\frac{m+n}{mn}} = \sqrt[mn]{3^{m+n}}$

     e) $\left(\sqrt[3]{a^2}\right)^5 = \left(a^{\frac{2}{3}}\right)^5 = a^{\frac{2}{3} \cdot 5} = a^{\frac{10}{3}} = \sqrt[3]{a^{10}} = a^3 \cdot \sqrt[3]{a}$

     f) $\left(\sqrt[5]{x^4}\right)^7 = \left(x^{\frac{4}{5}}\right)^7 = x^{\frac{4}{5} \cdot 7} = x^{\frac{28}{5}} = \sqrt[5]{x^{28}} = x^5 \cdot \sqrt[5]{x^3}$

180. a) 10^5 b) 10^8 c) $4{,}5 \cdot 10^6$

     d) $7{,}23 \cdot 10^{14}$ e) $1{,}08 \cdot 10^{10}$ f) $7 \cdot 10^9$

     g) $2{,}35 \cdot 10^{15}$ h) $1{,}004 \cdot 10^{14}$ i) $7{,}3 \cdot 10^{12}$

     k) $5{,}053 \cdot 10^{11}$

181. a) 10^{-7} b) 10^{-11} c) $6{,}6 \cdot 10^{-8}$

     d) $1{,}03 \cdot 10^{-16}$ e) $7{,}03 \cdot 10^{-6}$ f) $1{,}25 \cdot 10^{-8}$

     g) $9 \cdot 10^{-13}$ h) $6 \cdot 10^{-6}$ i) $1{,}22 \cdot 10^{-10}$

     k) $3{,}4 \cdot 10^{-14}$

182. a) 50500000   b) 8234000000

     c) 3220000   d) 410500000000

     e) 12000000000   f) 570100000

     g) 5110500000000   h) 12015000000000

Lösungen

183. a) 0,00000000425   b) 0,00000000002002
    c) 0,000082   d) 0,0000000333
    e) 0,0000001125   f) 0,0000000000007025
    g) 0,000000000602   h) 0,00048

184. a) $18{,}06 \cdot 10^7 = 1{,}806 \cdot 10^8$
    b) $11{,}65 \cdot 10^{-5} = 1{,}165 \cdot 10^{-4}$
    c) $20{,}8 \cdot 10^{11} = 2{,}08 \cdot 10^{12}$
    d) $3{,}15 \cdot 10^{-9}$
    e) $12{,}59 \cdot 10^{10} = 1{,}259 \cdot 10^{11}$
    f) $7{,}5 \cdot 10^3$
    g) $8 \cdot 10^{-5}$
    h) $23{,}92 \cdot 10^{-10} = 2{,}392 \cdot 10^{-9}$
    i) $3 \cdot 10^{13}$
    k) $3{,}4 \cdot 10^{-11}$
    l) $0{,}8 \cdot 10^{15} = 8{,}0 \cdot 10^{14}$

185. $(1{,}41 \cdot 10^{18}) : (1{,}08 \cdot 10^{12}) \approx 1{,}3 \cdot 10^6$
Das Volumen der Erde paßt etwa 1300000 mal in das der Sonne.

186. $(7 \cdot 10^{-4}) : (1 \cdot 10^{-10}) \approx 7 \cdot 10^6$
7000000 Wasserstoffatome ergeben den Durchmesser eines roten Blutkörperchens.

187. $(2{,}5 \cdot 10^{-2}) : (1 \cdot 10^{-7}) \approx 2{,}5 \cdot 10^5$
250000 Blattgoldfolien ergeben ein 2,5 cm dickes Buch.

188. $(1{,}5 \cdot 10^8) : (3 \cdot 10^5) \approx 0{,}5 \cdot 10^3 = 5 \cdot 10^2$
Das Licht benötigt von der Sonne bis zur Erde etwa $8\frac{1}{3}$ Minuten (500 Sekunden).

189. a) $x^2 - 3{,}9 \cdot 10^9 x + 2{,}7 \cdot 10^{18} = 0;$ $\mathbb{L} = \{9 \cdot 10^8;\ 3 \cdot 10^9\}$
    b) $x^2 - 5{,}41 \cdot 10^9 x + 2{,}499 \cdot 10^{18} = 0;$ $\mathbb{L} = \{51 \cdot 10^7;\ 49 \cdot 10^8\}$
    c) $x^2 - 4{,}25 \cdot 10^{10} x + 10^{20} = 0;$ $\mathbb{L} = \{25 \cdot 10^8;\ 4 \cdot 10^{10}\}$
    d) $x^2 - 6{,}633 \cdot 10^{-5} x + 2{,}178 \cdot 10^{-11} = 0;$ $\mathbb{L} = \{33 \cdot 10^{-8};\ 66 \cdot 10^{-6}\}$
    e) $x^2 - 2{,}65 \cdot 10^{-10} x + 6 \cdot 10^{-21} = 0;$ $\mathbb{L} = \{25 \cdot 10^{-12};\ 24 \cdot 10^{-11}\}$

Lösungen

190. a) $9a^4 - 24a^2b^3 + 16b^6$ b) $x^4y^6 + 4x^6y^3 + 4x^8$
   c) $x^8 - y^6$ d) $1 - 9a^4b^2$
   e) $4m^2n^6 - 20m^3n^4 + 25m^4n^2$
   f) $16u^2v^2 - 56u^4v^3 + 49u^6v^4$

191. a) $a^{n-7}(a^3 + 1 + a^{10})$ b) $x^{n-3}(1 - x^7 + x^8)$
   c) $y^{3+n}(1 - y^5 + y^4)$ d) $z^{n-3}(z^7 - 1 + z^8)$

192. a) $\dfrac{51x - 13y}{20}$ b) $\dfrac{83y - 21x}{20}$
   c) $\dfrac{74st^2 - 13s^2t}{20}$ d) $\dfrac{43s^2t - 14st^2}{20}$

193. a) $\dfrac{2(a-b)}{3(a+b)}$ b) $(m^2 - n^2)^3$
   c) $\dfrac{x+y}{a-b}$ d) $\dfrac{(2x - 3y)^3}{(2x + 3y)^3 \cdot (3x - 5y)^3}$

194. a) $2^{10} - 2^8 + 2^6 = 832$ b) $3^8 - 1 + 3^2 = 6569$
   c) $5 + 5^5 - 1 = 3129$

195. a) $b^5 + b^4$ b) $x^5 + x^4$ c) $m^4 + m^3$
   d) $7(n^2 - n^4)$ e) $\dfrac{m^2n^2}{n-m}$ f) $\dfrac{a^2b^2}{b-a}$

196. a) $\dfrac{4abc^3}{3}$ b) $\dfrac{27}{25}$ c) $\dfrac{3abx^3}{2y^6}$
   d) $\dfrac{16x^2y^3z}{15}$ e) $\dfrac{8}{5x^2y^2}$ f) $\dfrac{2x^2y}{5a^2b^3}$
   g) $\dfrac{18r^{12}s^2}{q^4}$ h) $\dfrac{25}{27b^3x^4y^{12}}$

197. a) $4\sqrt{2}$ b) $4\sqrt{5}$ c) $\sqrt{abc}$
   d) $b\sqrt{2axy}$

198. a) 10   b) 20   c) 16
   d) 96

Stichwortverzeichnis

Aufstellen von
  Parabelgleichungen 46
Basis 6, 52
Berechnen von Quadratwurzeln 10
Binomische Formeln 58, 74
Biquadratische Gleichungen 28
Bruchgleichungen 30
Bruchterme 74
Darstellen von großen Zahlen 70
Darstellen von kleinen Zahlen 70
Definitionsmenge 30
Der Satz von Vieta 24
Dezimales Probieren 10
Diskriminante 20
Distributivgesetz 12, 65
Exponent 6, 52
Formvariable 23
Funktion 40
Gleichungen 3. Grades 27
Grundzahl 6, 52
Hochzahl 6, 52
Irrationale Zahlen 9
Kubikwurzel 63
Lösungsformel
  für quadratische Gleichungen 20
Lösungsvariable 23
Newtonverfahren 10
Normalform
  einer quadratischen Gleichung 20
Normalparabel 40
Nullstellen 45

Potenzen
  mit natürlichen Hochzahlen 52
  mit negativen Hochzahlen 60
  mit gebrochenen Hochzahlen 68
Potenzgesetze
  für natürliche Hochzahlen 53
  für ganzzahlige Hochzahlen 62
  gebrochene Hochzahlen 68
Quadrat 6
Quadratfunktion 40
Quadratische Ergänzung 44
Quadratische Gleichungen 18, 20, 26
Quadratwurzel 7
Quadrieren 6
Radikand 7, 63
Rationalmachen des Nenners 15, 67
Reelle Zahlen 9
Rechnen mit Summen 58
Reinquadratische Gleichungen 18
Scheitelpunkt 40
Scheitelpunktform 44, 48
Schnittpunkte
  mit den Koordinatenachsen 45
  zweier Parabeln 49
Teilweises Wurzelziehen 14, 66
Textaufgaben 32, 34
Wurzel 7, 63
Wurzelexponent 63
Wurzelgesetze 12, 64
Wurzelgleichungen 29
Zehnerpotenzen 70